高等学校生物工程专业教材

中国轻工业"十三五"规划教材

生物工程分析 检验实验指导

刘功良　李南薇　主编

中国轻工业出版社

图书在版编目(CIP)数据

生物工程分析检验实验指导/刘功良,李南薇主编. —
北京:中国轻工业出版社,2022.12
ISBN 978-7-5184-4040-5

Ⅰ.①生… Ⅱ.①刘… ②李… Ⅲ.①生物工程—
工程分析 Ⅳ.①Q81

中国版本图书馆 CIP 数据核字(2022)第 109744 号

责任编辑:马 妍 潘博闻
策划编辑:马 妍 责任终审:李建华 封面设计:锋尚设计
版式设计:砚祥志远 责任校对:吴大朋 责任监印:张 可

出版发行:中国轻工业出版社(北京东长安街 6 号,邮编:100740)
印 刷:三河市国英印务有限公司
经 销:各地新华书店
版 次:2022 年 12 月第 1 版第 1 次印刷
开 本:787×1092 1/16 印张:10.75
字 数:248 千字
书 号:ISBN 978-7-5184-4040-5 定价:32.00 元
邮购电话:010-65241695
发行电话:010-85119835 传真:85113293
网 址:http://www.chlip.com.cn
Email:club@ chlip.com.cn
如发现图书残缺请与我社邮购联系调换
191062J1X101ZBW

本书编写人员

主　　编　刘功良（仲恺农业工程学院）
　　　　　李南薇（仲恺农业工程学院）

副 主 编　高苏娟（仲恺农业工程学院）

参编人员（按姓氏笔画排列）
　　　　　王　宏（仲恺农业工程学院）
　　　　　刘　锐（仲恺农业工程学院）
　　　　　费永涛（仲恺农业工程学院）
　　　　　梁景龙（仲恺农业工程学院）

前言 | Preface

传统发酵食品在我国有着悠久的历史，其原料多样、种类丰富、风味独特，是中华传统饮食和文化的双重载体，深受国人的喜爱。随着我国经济和社会的发展，人们生活水平和健康意识日益提高，传统发酵食品的质量和安全问题也备受关注。利用生物工程分析检验手段对传统发酵食品中的营养成分、有毒有害物质、有害微生物及转基因成分等进行定性定量测定，可为传统发酵食品的质量安全保障、生产工艺改进，乃至产业良性发展提供有益参考。

生物工程分析检验课程是高等院校生物工程专业的必修课之一，具有较强的理论性、技术性和实践性。该课程注重实验教学环节，因此，实验教学的质量直接影响课程的教学效果，也关系到人才培养的质量。为了使学生和相关科技人员在掌握生物工程分析检验基本操作技能的基础上，能进一步拓展思维，提升实际应用能力，我们基于本校多年使用的自编讲义，结合教学科研实践，参考该领域国家标准和国内外研究进展编写了《生物工程分析检验实验指导》。

本教材共分为八章。内容包括发酵食品中碳水化合物的测定、发酵食品中蛋白质类化合物的测定、发酵食品中脂类物质的测定、发酵食品中风味物质的检测、发酵食品及原料中功能性成分的检测、发酵食品及原料中有害物质的检测、发酵食品中有害微生物的检测、发酵食品及原料中转基因成分的快速检测，涉及到发酵酒、发酵调味品、发酵乳制品和发酵果蔬制品等。实验内容重在训练学生分析检测动手能力，培养学生分析和解决问题能力。每个实验包括实验目的、实验原理、实验试剂与仪器、实验步骤、实验结果与分析（含数据分析与处理方法）、思考题，实验方案简明扼要，可操作性强。

本教材由仲恺农业工程学院轻工食品学院刘功良、李南薇任主编，高苏娟任副主编，费永涛、梁景龙、刘锐、王宏参与了部分章节的编写工作。其中，第一、二章由李南薇编写，第三、八章由高苏娟编写，第四、七章由费永涛编写，第五章由梁景龙编写，第六章由刘功良编写，全书由刘功良、李南薇统稿。

本教材可供高等院校生物工程、食品科学与工程等专业本科生学习使用，也可供食品质量监督、食品卫生检验和发酵食品企业等相关技术人员参考或作为培训用书。

本教材在编写过程中，得到了许多同行和同事的帮助和指导，参考了部分相关实验教材和文献资料；广东仲恺农业工程学院轻工食品学院刘锐、王宏老师，硕士研究生张敏倩、彭立影、林春瑶、黄力、黄一鹤、李岚涛、张馨、袁海珊等同学也参与了资料整理。在此，向为本教材的编写付出辛勤劳动的所有支持者表示衷心感谢。

由于编者水平所限，书中难免存在不妥之处，恳请有关专家和读者批评指正。

编　者
2022 年 6 月

目录 |Contents

发酵食品中碳水化合物的测定

碳水化合物统称为糖类，是食品工业的主要原料或辅助材料，是大多数食品的主要成分之一，也是人和动物体的重要能源。碳水化合物通常分为单糖、低聚糖和多糖，其中单糖、双糖、淀粉等能为人体所消化吸收，提供热能；果胶、纤维素虽不能为人体消化吸收，但能促进肠道蠕动，改善消化系统机能，对机体代谢、维持人体健康具有重要作用。糖和蛋白质结合成糖蛋白、黏蛋白，与脂结合成糖脂，这些是构成人体细胞组织的成分，是具有重要生理功能的物质。

在发酵食品加工过程中，糖、淀粉等能赋予食品一定的组织结构、形态、性状，关乎发酵食品的色、香、味、体。本章主要分述发酵食品或原料中淀粉、还原糖、总糖、低聚糖、多糖的测定方法。

实验一　发酵食品原料中淀粉含量的测定

淀粉是人类食物的重要组成部分，也是供给人体热能的主要来源，广泛存在于植物的根、茎、叶、种子等组织中。它是由葡萄糖单位构成的聚合体，聚合度通常为 100～3000。按聚合形式不同，淀粉可分为直链淀粉和支链淀粉。

许多食品中都含有淀粉，有的是来自原料，有的是生产过程中为了改变食品的物理性状作为添加剂而加入的。淀粉是食醋、米酒等发酵食品原料的主要组分，测定原料中淀粉含量有助于对原料批次的质量控制，为产品质量提供保障。

一、实验目的

了解发酵食品原料中淀粉含量测定的原理，掌握分光光度法测定淀粉含量的实验技术。

二、实验原理

本实验以米酒、白酒的发酵原料大米为例，大米中直链淀粉含量以干基质量分数表示，干基表示法是以物料中固体干物质为基准计算。

将大米粉碎至细粉以破坏淀粉的胚乳结构，使其易于完全分散及糊化，并对粉碎试样脱脂，脱脂后的试样分散在氢氧化钠溶液中，向一定量的试样分散液中加入碘试剂，然后使用分光光度计测定显色复合物的吸光度。考虑到支链淀粉对试样中碘-直链淀粉复合物的影响，利用马铃薯直链淀粉和支链淀粉的混合标样制作校正曲线，从校正曲线中读出样品的直链淀粉含量。

三、实验试剂与仪器

1. 试剂

（1）85%甲醇溶液。

（2）95%乙醇溶液。

（3）0.09mol/L 和 1.0mol/L 氢氧化钠溶液。

（4）脱蛋白溶液　20g/L 十二烷基苯磺酸钠溶液和 3g/L 氢氧化钠溶液。

（5）1mol/L 乙酸溶液。

（6）碘试剂　用具盖称量瓶称取（2.000±0.005）g 碘化钾，加适量的水以形成饱和溶液，加入（0.200±0.001）g 碘，全部溶解后将溶液定量移至 100mL 容量瓶中，加蒸馏水至刻度，摇匀。现配现用，避光保存。

（7）马铃薯直链淀粉标准溶液　不含支链淀粉，质量浓度为 1mg/mL。用甲醇对马铃薯直链淀粉进行脱脂，在 5℃ 条件下以 6 滴/s 的速度回流抽提 4~6h。将脱脂后的直链淀粉放在一个适当的盘子上铺开，放置 2d，使残余的甲醇挥发并达到水分平衡。称取（100±0.5）mg 经脱脂及水分平衡后的直链淀粉于 100mL 锥形瓶中，加入 1.0mL 乙醇，将粘在瓶壁上的直链淀粉冲下，加入 1mol/L 的氢氧化钠溶液 9.0mL，轻摇使直链淀粉完全分散开。随后将混合物在沸水浴中加热 10min 以分散马铃薯直链淀粉。分散后取出冷却到室温，转移至 100mL 容量瓶中。加水至刻度，剧烈摇匀。支链淀粉和试样按同样方法处理。

（8）1mg/mL 支链淀粉标准溶液　备好支链淀粉含量 99%（质量分数）以上的糯性（蜡质）米粉，浸泡后用捣碎机将它们捣成微细分散状。使用脱蛋白溶液彻底去掉蛋白质，洗涤，然后用甲醇进行回流抽提脱脂，将脱脂后的支链淀粉平铺在平皿上，放置 2d，以挥发残余的甲醇，并平衡水分。制备支链淀粉标准溶液，1mL 支链淀粉标准溶液含 1mg 支链淀粉。

2. 主要仪器

（1）粉碎机　可将大米粉碎并通过 150~180μm（80~100 目）筛，推荐使用配置 0.5mm 筛片的旋风磨。

（2）筛子　150~180μm（80~100 目）筛。

（3）抽提机　能采用甲醇回流抽提样品，速度为 5~6 滴/s。

（4）分光光度计。

四、实验步骤

1. 试样制备

取 10g 精米，用旋风磨粉碎成粉末，并通过规定的筛网。采用甲醇溶液回流抽提脱脂。脱脂后将试样在盘子或表面皿上铺成一薄层，放置 2d，以挥发残余甲醇，并平衡水分。

注意：使用挥发甲醇时需在通风橱中进行操作。

2. 样品溶液的制备

称取（100±0.5）mg 试样于 100mL 锥形瓶中，加入 1mL 乙醇溶液到试样中，将粘在瓶壁上的试样冲下。移取 1.0mol/L 氢氧化钠溶液 9.0mL 到 100mL 锥形瓶中，并轻轻摇匀，随后将混合物在沸水浴中加热 10min 以分散淀粉。取出冷却至室温，转移到 100mL 容量瓶中，加蒸馏水定容，并剧烈振摇混匀。

3. 空白溶液的制备

采用与测定样品时相同的操作步骤及试剂，但使用 0.09mol/L 氢氧化钠溶液 5.0mL 替代样品制备空白溶液。

4. 校正曲线的绘制

（1）系列标准溶液的制备　按表 1-1 混合配制直链淀粉和支链淀粉标准溶液及 0.09mol/L 氢氧化钠溶液的混合液。

表 1-1　　　　　　　　　　　　　系列标准溶液

大米直链淀粉含量（干基）/%（质量分数）	马铃薯直链淀粉标准溶液/mL	支链淀粉标准溶液/mL	0.09mol/L 氢氧化钠溶液/mL
0	0	18	2
10	2	16	2
20	4	14	2
25	5	13	2
30	6	12	2
35	7	11	2

资料来源：GB/T 15683—2008《大米　直链淀粉含量的测定》.

（2）显色和吸光度测定　准确移取 5.0mL 系列标准溶液到预先装有 50mL 水的 100mL 容量瓶中，加入乙酸溶液 1.0mL，摇匀，再加入碘试剂 2.0mL，加水至刻度，摇匀，静置 10min。用空白溶液调零，在 720nm 处测定系列标准溶液的吸光度。

（3）绘制标准曲线　以吸光度为纵坐标，直链淀粉含量为横坐标，绘制标准曲线。直链淀粉含量以干基质量分数表示。

5. 样品溶液测定

移取样品溶液 5.0mL，加入到预先装有 50mL 水的 100mL 容量瓶中，从加入乙酸溶液开始加乙酸溶液 1.0mL，摇匀，再加入碘试剂 2.0mL，加水至刻度，摇匀，静置 10min。用空白溶液调零，在 720nm 处测定样品溶液的吸光度。每一样品溶液应做 2 次平行测定。

五、实验结果与分析

试样中直链淀粉含量按式（1-1）计算：

$$X = \frac{w \times V_1}{V}$$

(1-1)

式中　X——试样中直链淀粉的含量（以干基计）,%;

　　　w——由标准曲线中求得样液中直链淀粉含量,%;

　　　V_1——试样最后定容体积,mL;

　　　V——用于分析的试样体积,mL。

六、思考题

1. 比色法测定食品原料中淀粉含量的注意事项有哪些?
2. 除了比色法,还可以用什么方法测定食品原料中的淀粉含量?

实验二　发酵食品中还原糖的测定

还原糖是指具有还原性的糖类。在糖类中,分子中含有游离醛基或酮基的单糖和含有游离半缩醛羟基的双糖都具有还原性。以淀粉类物质为原料的发酵生产,如谷氨酸、柠檬酸、黄酒、啤酒等的生产过程中,还原糖是发酵底物,测定发酵过程中还原糖含量即可以基本上表征出发酵过程中微生物的生长情况,如果将发酵底物浓度与代谢产物浓度绘制出随时间变化的曲线,则可以对其发酵动力学进行一定的表征,即可在正常发酵中测出还原糖,快速表征出发酵过程代谢产物的量。因此,测定发酵过程中还原糖的含量具有重要意义。

一、实验目的

了解斐林试剂法测定还原糖含量的原理,掌握斐林试剂的配制和发酵食品中还原糖含量的测定方法。

二、实验原理

斐林试剂甲、乙液等量混合,立即生成天蓝色的氢氧化铜沉淀,这种沉淀很快与酒石酸钾钠反应,生成深蓝色的可溶性酒石酸钾钠铜络合物。在加热条件下,以次甲基蓝作指示剂,用还原糖滴定,样液中的还原糖与酒石酸钾钠铜反应,生成红色的氧化亚铜沉淀,进而与亚铁氰化钾反应生成可溶性的浅黄色亚铁氰化钾铜络合物。待二价铜全部被还原后,稍过量的还原糖将次甲基蓝还原,溶液蓝色消失,即为滴定终点。根据样液消耗量可计算出还原糖含量。

三、实验试剂与仪器

1. 试剂

（1）斐林试剂

甲液：称取五水合硫酸铜 15g 和次甲基蓝 0.05g,加水溶解并稀释至 1000mL。

乙液：称取酒石酸钾钠 50g 和氢氧化钠 75g,溶于水中,再加入亚铁氰化钾 4g,完全溶解后,用水定容至 1000mL。

（2）1.0g/L 葡萄糖标准溶液　称取经过 98~100℃烘箱中干燥 2h 的葡萄糖 1g（精确至 0.1g），加水溶解，定容至 1000mL。

（3）19g/L 乙酸锌溶液　称取乙酸锌 1.9g，加冰乙酸 3mL，加水溶解并定容至 100mL。

（4）106g/L 亚铁氰化钾溶液　称取亚铁氰化钾 10.6g，加水溶解并定容至 100mL。

（5）40g/L 氢氧化钠溶液　称取氢氧化钠 4g，溶解后放冷并定容至 100mL。

2. 主要仪器

（1）碱式滴定管。

（2）电炉。

（3）水浴锅。

四、实验步骤

1. 样品前处理

（1）含淀粉的食品　称取粉碎或混匀后的试样 10~20g（精确至 0.001g），置于 250mL 容量瓶中，加水 200mL，在 45℃水浴中加热 1h，并时时振摇，冷却后加水至刻度，混匀，静置沉淀。取 200mL 上清液置于另一个 250mL 容量瓶中，缓慢加入乙酸锌溶液 5mL 和亚铁氰化钾溶液 5mL，加水至刻度后混匀，静置 30min，用干燥滤纸过滤，弃去初滤液，取后续滤液备用。

（2）酒精饮料　称取混匀后的试样 100g（精确至 0.01g），置于蒸发皿中，用氢氧化钠溶液中和至中性，在水浴上蒸发至原体积的 1/4 后，移入 250mL 容量瓶中，缓慢加入乙酸锌溶液 5mL 和亚铁氰化钾溶液 5mL，加水至刻度，混匀，静置 30min，用干燥滤纸过滤，弃去初滤液，取后续滤液备用。

（3）碳酸饮料　称取混匀后的试样 100g（精确至 0.01g），置于蒸发皿中，在水浴上微热搅拌除去二氧化碳后，移入 250mL 容量瓶中，用水洗涤蒸发皿，洗液并入容量瓶，加水至刻度，混匀后备用。

（4）固体食品　称取粉碎后的固体试样 2.5~5g（精确至 0.001g），置于 250mL 容量瓶中，加 50mL 水，缓慢加入乙酸锌溶液 5mL 和亚铁氰化钾溶液 5mL，加水至刻度，混匀，静置 30min，用干燥滤纸过滤，弃去初滤液，取后续滤液备用。

2. 斐林试剂标定

吸取斐林试剂甲液和斐林试剂乙液各 5mL，置于 250mL 三角瓶中，加入水 10mL，加入玻璃珠 2 粒，从滴定管滴加约 9mL 葡萄糖标准溶液，控制在 2min 内加热至沸，趁热以 1 滴/2s 的速度继续滴加葡萄糖标准溶液至蓝色刚好褪去，即为终点（后滴定操作需在 1min 内完成，消耗葡萄糖标准溶液在 1mL 以内），记录消耗体积，平行测定 3 次并取平均值。

按式（1-2）计算 10mL（甲、乙液各 5mL）斐林试剂相当于葡萄糖的质量（mg）。

$$m_1 = V \times \rho \tag{1-2}$$

式中　m_1——10mL 斐林试剂相当于葡萄糖的质量，mg；

V——标定时消耗葡萄糖标准溶液的总体积，mL；

ρ——葡萄糖标准溶液的质量浓度，mg/mL。

3. 样品滴定预试验

吸取斐林试剂甲液和斐林试剂乙液各 5mL，水 10mL，置于 250mL 三角瓶中，加入玻璃珠 2 粒，控制在 2min 内加热至沸，保持沸腾以先快后慢的速度，从滴定管中滴加试样溶液，保持溶液沸腾状态，待溶液颜色变浅时，以 1 滴/2s 的速度滴定，直至蓝色刚好褪去即为终点，记录样液消耗体积。

4. 样品滴定

吸取斐林试剂甲液和斐林试剂乙液各 5mL，水 10mL，置于 250mL 三角瓶中，加入玻璃珠 2 粒，从滴定管滴加比预测体积少 1mL 的试样溶液至三角瓶中，控制在 2min 内加热至沸，保持沸腾继续以 1 滴/2s 的速度滴定，直至蓝色刚好褪去即为终点（后滴定操作需在 1min 内完成，消耗糖液在 1mL 以内），记录样液消耗体积，平行测定 3 次，得出平均消耗体积 V（mL）。

五、实验结果与分析

样品中还原糖含量（以葡萄糖计）按式（1-3）计算：

$$X = \frac{m_1}{m \times V/250 \times 1000} \times 100\% \tag{1-3}$$

式中　X——样品中还原糖的含量，%；

　　m_1——10mL 斐林试剂相当于葡萄糖的质量，mg；

　　m——样品质量，g；

　　V——测定用样品时平均消耗溶液的体积，mL。

六、思考题

1. 滴定为什么必须在沸腾条件下进行？
2. 为什么要对样品溶液进行预测？
3. 如何判断斐林法测定还原糖含量的滴定终点？

实验三　发酵食品中总糖含量的测定

食品中的总糖通常是指具有还原性的糖（如葡萄糖、果糖、戊糖、乳糖和麦芽糖等）、在测定条件下能水解为还原性单糖的蔗糖和多糖，以及可能部分水解的淀粉的总量。食品中的总糖分为内源性糖和外源性糖，内源性糖由细胞壁包裹，是成分和结构较为复杂的多糖，其种类和含量是衡量食品营养价值的重要化学指标。外源性糖一般是人为添加的，目的是改善产品的色泽和风味，或者延长货架期，如蔗糖、淀粉和面粉等。

发酵食品，如黄酒、果酒、酶、豆豉等都含有糖，总糖含量是发酵食品的一项重要质量指标，它反映的是发酵食品中可溶性单糖和低聚糖的总量，含量高低对产品的色、香、味、组织形态、营养价值、成本等有一定影响，其测定对发酵过程的评价具有重要意义。

一、实验目的

了解比色法测定发酵食品中总糖含量的原理，掌握发酵食品中总糖含量的测定方法。

二、实验原理

在 NaOH 和丙三醇存在下，3,5-二硝基水杨酸（DNS）与还原糖共热后被还原，生成氨基化合物。在过量的氢氧化钠碱性溶液中此化合物呈橘红色，在 540nm 波长处有最大吸收，在一定的浓度范围内，还原糖的量与吸光度呈线性关系，利用比色法可测定样品中的含糖量。

三、实验试剂与仪器

1. 试剂

（1）1.0mg/mL 葡萄糖标准溶液　称取经 80℃ 干燥 2h 的葡萄糖标准物质 0.1g（精确至 0.01g），加少量蒸馏水溶解后，定容至 100mL。

（2）3,5-二硝基水杨酸（DNS）试剂　称取 6.3g 3,5-二硝基水杨酸，2mol/L 氢氧化钠 262mL，加到 500mL 362g/L 酒石酸钾钠溶液中，再加 5g 苯酚和 5g 亚硫酸钠溶于其中，搅拌溶解，冷却后定容到 1000mL，贮于棕色瓶中备用。

（3）6mol/L 氢氧化钠溶液　称取 240g 氢氧化钠于 1000mL 烧杯中，用水溶解并定容至 1000mL 容量瓶中。

（4）碘-碘化钾溶液　称取 5g 碘和 10g 碘化钾，溶于 100mL 蒸馏水中。

（5）1g/L 酚酞指示剂　称取 1g 酚酞，用 95% 乙醇溶解，并稀释至 100mL。

（6）6mol/L 盐酸溶液　在烧杯中加入 100mL 水，量取 100mL 盐酸缓缓加入烧杯中，边加边搅拌，混匀后装入储液瓶备用。

2. 主要仪器

（1）分光光度计。

（2）电子天平。

（3）真空干燥箱。

（4）数显恒温水浴锅。

四、实验步骤

1. 样品处理

准确量取 1mL 样品液，并加入 9mL 蒸馏水，置于锥形瓶中，加入 6mol/L 盐酸溶液 10mL，在沸水浴中加热 0.5h，用碘-碘化钾溶液检查水解程度（取出 1~2 滴置于白瓷板上，加 1 滴碘-碘化钾溶液，若不显蓝色，则水解完全；若显蓝色，则水解未完全，继续水解。每 2min 检查一次水解程度，直至不显蓝色）。水解完成后，冷却至室温，加入 1 滴酚酞指示剂，用 6mol/L 氢氧化钠溶液中和至溶液呈微红色，并定容至 50mL，用于总糖的测定。

2. 标准曲线的绘制

用移液管分别准确吸取 0mL, 0.2mL, 0.4mL, 0.8mL, 1.0mL, 1.2mL 葡萄糖标准溶液于 6 支 25mL 具塞刻度试管中，加水使溶液体积补至 2.0mL，加入 4.0mL 3,5-二硝基水杨酸试剂，置于沸水浴中加热 5min。取出置于冷水中，冷却至室温后定容，摇匀备用。所得葡萄糖质量分别为 0mg, 0.2mg, 0.4mg, 0.8mg, 1.0mg, 1.2mg，于 540nm 波长下，以 0 号管为空白对照，测定吸光度。以葡萄糖质量（mg）为纵坐标，吸光度为横坐标，绘制标准曲线。

3. 总糖的测定

吸取 1.0mL 水解完全的样品液于试管中，加入 1.0mL 蒸馏水和 4.0mL 3,5-二硝基水杨酸试剂，混合均匀，在沸水中加热 5min，取出后立即用冷水冷却至室温，再向试管中加入 21.5mL 蒸馏水，摇匀。在波长为 540nm 处测定其吸光度，在标准曲线中查出相应的糖量。

五、实验结果与分析

样品中的总糖含量（以葡萄糖计）按式（1-4）计算：

$$X = \frac{m_1 \times V \times f \times 10^{-3}}{m \times V_1} \times 100\% \tag{1-4}$$

式中　X——样品中总糖的含量, %;

m_1——根据标准曲线计算的葡萄糖质量, mg;

V——样品的定容体积, mL;

V_1——比色测定时移取样品液的体积, mL;

f——样品的稀释倍数;

m——样品的质量, g。

六、思考题

1. 还原糖的测定方法有哪些？各种方法的优缺点是什么？
2. 试述比色法测定还原糖含量的适用范围及特点。

实验四　发酵食品中低聚糖的测定

低聚糖又称寡糖，指由 2~10 个相同或不同的单糖通过糖苷键连接聚合而成的直链或支链的低度聚合糖。发酵食品中，低聚糖的种类很多。根据来源不同，可分为初级低聚糖和次级低聚糖两大类。初级低聚糖是发酵食品中天然存在的低聚糖，如棉子糖、车前糖、水苏糖等；次级低聚糖是食品在发酵过程中产生的低聚糖，这些低聚糖是在微生物产生的特异性糖酶作用下生成的，如低聚果糖、低聚半乳糖、低聚木糖。

低聚糖具有低热量、防龋齿、防便秘、降低血清胆固醇、增强机体免疫力、抗肿瘤等特点，发酵食品中的低聚糖主要通过使肠道内有益菌增加，有害菌减少而实现其功能。因此，测定发酵食品中低聚糖的含量对评估食品的营养价值具有重要意义。

一、实验目的

了解高效液相色谱法测定发酵食品中低聚糖的基本原理，掌握发酵食品中低聚糖含量的测定方法。

二、实验原理

同一时刻进入色谱柱的各组分，由于在流动相和固定相之间溶解、吸附、渗透或离子交换等作用的不同，随流动相在色谱柱两相之间进行反复多次的分配，由于各组分在色谱柱中的移动速度不同，经过一定长度的色谱柱后，彼此分离开，按顺序流出色谱柱，进入信号检测器在记录仪上或数据处理装置上显示各组分的色谱峰数值，根据保留时间进行定性，依据峰面积（以木糖为参考）计算各种糖组分的含量。

三、实验试剂与仪器

1. 试剂

（1）超纯水　用 0.45μm 水相膜过滤，并脱气 15~20min。

（2）4mg/mL 木糖溶液　称取木糖标准品（含量 ≥ 99.5%）0.2g（精确至 0.0001g），用超纯水溶解并定容至 50mL。

（3）2mg/mL 木二糖、木三糖、木四糖、木五糖、木六糖、木七糖溶液　分别称取各样品（含量 ≥ 85%）0.02g（精确至 0.0001g），用超纯水溶解并定容至 10mL。

（4）10mg/mL 葡萄糖、阿拉伯糖溶液　分别称取各样品（含量 ≥ 95%）0.5g（精确至 0.0001g），用超纯水溶解并定容至 50mL。

2. 主要仪器

（1）高效液相色谱仪。

（2）超声波清洗器。

（3）过滤膜（0.45μm）。

（4）分析天平。

（5）减压蒸馏装置。

（6）台式离心机。

（7）数显恒温水浴锅。

四、实验步骤

1. 色谱条件

色谱柱：Shodex suger KS-802，8mm×300mm，填充粒度 6μm 的离子型凝胶柱；

流动相：超纯水；

流速：0.1mL/min；

进样量：20μL；

柱温：80℃。

2. 样品处理

（1）糖浆和 95 型糖粉 称取样品约 0.5g，用超纯水溶解并定容到 50mL。

（2）70 型糖粉 称取样品 3～4g 于 50mL 烧杯中，加入 18mL 水搅拌溶解，移入 50mL 容量瓶中，用 2mL 水分两次洗涤烧杯，用 95%乙醇 5mL 洗涤烧杯 2 次，洗液均移入 50mL 容量瓶中，用 95%乙醇定容，摇匀。置于 4℃冰箱中冷却 30min，取出放入台式离心机中分离 10～15min，取上层清液 5mL，于 60℃减压蒸干，加入 5mL 水，振摇，然后于 60℃水浴中放置 5min，取出冷却，用 0.45μm 水相膜过滤。

3. 标准品测定

将上述标准品进样，记录各个标准品的保留时间、色谱峰以及峰面积。

4. 样品测定

将样品进样，根据标准品的保留时间定性样品中各种糖组分的色谱峰。根据样品的峰面积，以木糖峰面积为参考计算各种糖组分的含量。

五、实验结果与分析

样品中的低聚木糖（木二糖至木七糖）含量以质量分数（%）表示，按式（1-5）计算：

$$X_{2～7} = \frac{[A_2 \times F_1 + (A_3 + A_4 + A_5 + A_6 + A_7) \times F_2] \times \rho \times V}{A \times m \times 1000} \times 100\% \qquad (1-5)$$

样品中的木二糖至木四糖含量以质量分数（%）表示，按式（1-6）计算：

$$X_{2～4} = \frac{[A_2 \times F_1 + (A_3 + A_4) \times F_2] \times \rho \times V}{A \times m \times 1000} \times 100\% \qquad (1-6)$$

式中 $X_{2～7}$——样品中的低聚木糖（木二糖至木七糖）含量,%；

$X_{2～4}$——样品中的木二糖至木四糖含量,%；

A_2——样品色谱图中木二糖的峰面积；

A_3——样品色谱图中木三糖的峰面积；

A_4——样品色谱图中木四糖的峰面积；

A_5——样品色谱图中木五糖的峰面积；

A_6——样品色谱图中木六糖的峰面积；

A_7——样品色谱图中木七糖的峰面积；

A——样品色谱图中木糖的峰面积；

ρ——木糖标准溶液质量浓度，mg/mL；

F_1——将木糖作为 1，木二糖的换算系数为 0.93；

F_2——将木糖作为 1，木三糖及以上的换算系数为 0.94；

m——样品的质量，g；

V——样品的体积，mL。

六、思考题

1. 高效液相色谱法测定低聚木糖含量的基本原理是什么？

2. 木糖样品处理的注意事项有哪些？

实验五　发酵食品中多糖的测定

多糖是由糖苷键结合的糖链，至少超过 10 个单糖组成的聚合糖高分子碳水化合物，可用通式（$C_6H_{10}O_5$）$_n$ 表示。由相同的单糖组成的多糖称为同多糖，如淀粉、纤维素和糖原；由不同的单糖组成的多糖称为杂多糖，如阿拉伯胶是由戊糖和半乳糖等组成。

发酵食品如果酒、黄酒、葡萄酒、豆豉、发酵茶等都含有多糖，其具有抗衰老、抗氧化、抗溃疡、降血糖、调节身体免疫力等多种作用。因此，测定发酵食品中的多糖含量具有重要的意义。

一、实验目的

了解发酵食品中多糖的测定原理，掌握发酵食品中多糖测定的实验技术。

二、实验原理

用 80% 乙醇除去单糖、低聚糖及生物碱等干扰成分，然后用水提取多糖类成分。多糖在硫酸作用下，先水解成单糖，并迅速脱水生成糠醛衍生物，与苯酚缩合生成橙黄色溶液，在 485nm 处有特征吸收，用分光光度法测定。

三、实验试剂与仪器

1. 试剂

（1）无水乙醇。

（2）80% 乙醇。

（3）2.5mol/L 氢氧化钠溶液　称取 100g 氢氧化钠，加蒸馏水稀释至 1L。

（4）铜贮存液　称取 3.0g 五水合硫酸铜，30.0g 柠檬酸钠加水溶解至 1L，溶液可贮存 2 周。

（5）铜应用液　取铜贮存液 50mL，加水 50mL，混匀后加入无水硫酸钠 12.5g，临用新配。

（6）洗涤液　取水 50mL，加入 10mL 铜应用液，10mL 2.5mol/L 氢氧化钠溶液，混匀。

（7）1.8mol/L 硫酸溶液　取 100mL 浓硫酸，用水稀释至 1L。

（8）20g/L 苯酚溶液　称取 2.0g 苯酚，加水溶解并稀释至 100mL，混匀备用。

（9）1.0mg/mL 葡聚糖标准液　称取 500mg 葡聚糖（分子质量 50000u）于称量皿中，105℃干燥 4h 至恒重，置于装有干燥硅胶的干燥器中冷却。准确称取 100mg 干燥后的葡聚糖，用水定容至 100mL。

（10）0.1mg/mL 葡聚糖标准应用液　吸取葡聚糖标准液 10mL，用水稀释 10 倍。

2. 主要仪器

（1）分光光度计。

（2）离心机。

（3）旋转混匀器。

（4）恒温水浴锅。

四、实验步骤

1. 样品处理

（1）样品提取　称取样品 1~5g，加水 100mL，沸水浴加热 2h，冷却至室温，定容至 200mL（V_1），混匀过滤，弃初滤液，收集余下滤液。

（2）沉淀高分子物质　准确吸取上述滤液 100mL（V_2）置于烧杯中，加热浓缩至 10mL，冷却后，加入无水乙醇 40mL，将溶液转至离心管中以 3000r/min 离心 5min，弃上清液，残渣用 80% 乙醇洗涤 3 次，残渣供沉淀葡聚糖用。

（3）沉淀葡聚糖。上述残渣用水溶解，并定容至 50mL（V_3），混匀后过滤，弃初始滤液，取滤液 2mL（V_4）加入 2.5mol/L 氢氧化钠溶液 2mL，铜应用液 2mL，沸水浴中煮沸 2min，冷却后以 3000r/min 离心 5min，弃上清液，残渣用洗涤液洗涤 3 次，残渣供测定葡聚糖用。

2. 标准曲线绘制

精密吸取葡聚糖标准应用液 0.10mL，0.20mL，0.40mL，0.60mL，0.80mL，1.00mL，1.50mL，2.00mL（分别相当于葡聚糖 0.01mg，0.02mg，0.04mg，0.06mg，0.08mg，0.10mg，0.15mg，0.20mg），补充水至 2.0mL，加入苯酚溶液 1mL，浓硫酸 10mL，混匀，沸水浴 2min，冷却后用分光光度计在 485nm 波长处以试剂空白溶液为参比，测定吸光度，以葡聚糖浓度为横坐标，吸光度为纵坐标绘制标准曲线。

3. 样品测定

将上述 1.（3）残渣用 2.0mL 的 1.8mol/L 硫酸溶液溶解，用水定容至 100mL（V_5）。准确吸取 2mL（V_6），置于 25mL 比色管中，加入 1mL 苯酚溶液，10mL 浓硫酸，沸水浴煮沸 2min，冷却比色。从标准曲线上查得相应含量，计算粗多糖含量。

五、实验结果与分析

样品中多糖含量按式（1-7）计算：

$$X = \frac{m_1 \times V_5 \times V_3 \times V_1 \times 10^{-3}}{V_6 \times V_4 \times V_2 \times m} \times 100\% \qquad (1-7)$$

式中　X——样品中多糖的含量，%；

m_1——从标准曲线上查得样品测定管中的葡聚糖含量，mg；

V_1——样品提取时定容体积，mL；

V_2——沉淀高分子物质取液量，mL；

V_3——沉淀葡聚糖时定容量，mL；

V_4——沉淀葡聚糖时取液量，mL；

V_5——测定葡聚糖时定容体积，mL；

V_6——样品比色管中取样液体积，mL；

m——样品质量，g。

六、思考题

1. 除了苯酚硫酸法测定食品中的多糖含量外，还有哪些方法用来测定食品中的多糖？这些方法的实验原理分别是什么？

2. 苯酚硫酸法测定食品中的多糖含量时，如何消除其他杂质的干扰？

发酵食品中蛋白质类化合物的测定

蛋白质是生命的物质基础，是构成生物体细胞组织的重要成分，是生物体发育及修补组织的原料。一切有生命的活体都含有不同类型的蛋白质。人与动物只能从食物中得到蛋白质及其分解产物，来构成自身的蛋白质，因此蛋白质是人体重要的营养物质，也是食品中重要的营养成分。

蛋白质在食品中含量的变化范围很宽，动物来源和豆类食品是优良的蛋白质资源。我们常吃的发酵食品，如豆类发酵制品和乳类发酵制品，从原料到成品的蛋白质和氨基酸含量对产品风味、组织结构、外观、品质、口感等都有直接影响，是评价发酵食品品质的重要指标。本章主要分述发酵食品原料中蛋白质的分离、提取与鉴定，蛋白质、多肽、氨基酸态氮含量的测定，氨基酸种类及含量的测定。

实验一 发酵食品原料中蛋白质的分离、提取与鉴定

生物体是天然活性蛋白质的宝库，近年来，越来越多具有生物活性的蛋白质被发现和研究，在食品中具有广阔的应用前景。然而，分离纯化的技术与策略将影响蛋白质的活性与功能，以及相关的经济效益。发酵食品原料中通常含有脂肪、核酸等物质，要提取蛋白质，首先需要将蛋白质与这些杂质分离开，再对目标蛋白质进行提取和鉴定。

一、实验目的

了解聚丙烯酰胺凝胶电泳分离提取蛋白质的基本原理，掌握相应的实验技术。

二、实验原理

通过电泳法，各种蛋白质在同一 pH 条件下，因相对分子质量和电荷数量不同，在电场中的迁移率不同而得以分开。电泳的类型很多，常用的是十二烷基硫酸钠聚丙烯酰胺凝胶电泳（sodium dodecyl sulfate polyacrylamide gel electrophoresis，简称 SDS-PAGE）。SDS 能破坏蛋白质中几乎所有的非共价键，使蛋白质变性、构象改变，并且 SDS 和蛋白

质结合形成净带负电荷的 SDS-蛋白质复合物。电场中，SDS-蛋白质复合物的迁移率主要取决于相对分子质量的大小，而其他因素的影响可以减少到忽略不计的程度。SDS-PAGE 具有快速、灵敏、分辨率高、重复性好的优点。主要用于蛋白质的分离鉴定和相对分子质量测定。

三、实验试剂与仪器

1. 试剂（所用水为重蒸水）

（1）4mol/L 盐酸溶液　量取 36mL 浓盐酸，注入 50mL 水中，定容至 100mL，混匀。

（2）丙烯酰胺单体贮备液　准确称取 14.55g 丙烯酰胺，0.45g 生化级 N,N'-亚甲基双丙烯酰胺，先用 40mL 水溶解，搅拌，直至溶液变澄清透明，再用水稀释至 50mL，过滤，备用。该贮备液在 4℃下棕色瓶中可保存一个月（注意：丙烯酰胺单体是中枢神经毒物，小心操作）。

（3）1mol/L pH 6.8 的浓缩胶缓冲液贮备液　准确称取 6.06g 生化级三羟甲基氨基甲烷，溶解于 40mL 水中，用 4mol/L 盐酸溶液调节 pH 至 6.8 后，用水定容至 50mL，4℃保存。

（4）1.5mol/L pH 8.8 的分离胶缓冲液贮备液　准确称取 9.08g 生化级三羟甲基氨基甲烷，溶解于 40mL 水中，用 4mol/L 盐酸溶液调节 pH 至 8.8 后，用水定容至 50mL，4℃保存。

（5）100g/L 过硫酸铵溶液　准确称取 1g 过硫酸铵，加 10mL 水溶解，使用前配制。

（6）100g/L 十二烷基硫酸钠溶液　准确称取 5g 生化级十二烷基硫酸钠，用水溶解定容至 50mL，室温保存。

（7）体积分数为 10% 的 N,N,N',N'-四甲基乙二胺溶液　量取 1mL 生化级 N,N,N',N'-四甲基乙二胺，加水稀释定容至 10mL。

（8）0.08mol/L 样品缓冲液　准确称取 4mg 溴酚蓝，溶解于 5mL 水中，分别量取 1.6mL 1mol/L 浓缩胶缓冲液贮备液、4mL 100g/L 十二烷基硫酸钠溶液、1.2mL β-巯基乙醇、2.2mL 丙三醇，全部混合后用水稀释定容至 20mL，4℃保存。

（9）pH 8.3 电极缓冲液　分别准确称取 3.0g 生化级三羟甲基氨基甲烷、14.4g 甘氨酸，加入生化级十二烷基硫酸钠 10mL，调节 pH 至 8.3，用水定容至 1L。

（10）2.5g/L 考马斯亮蓝染色液　称取 0.25g 考马斯亮蓝 R-250 和 10g 硫酸铵，分别加入 20mL 乙醇、10mL 磷酸，溶解混匀，用水定容至 100mL。

（11）脱色液　分别量取 75mL 冰乙酸、50mL 甲醇、875mL 水，混匀备用。

（12）1.00mg/mL β-乳球蛋白标准溶液　准确称取 0.0100g β-乳球蛋白标准品（纯度≥90%），用 0.08mol/L 样品缓冲液定容至 10mL，沸水浴中加热 3～5min，在 -20℃ 以下保存。

2. 主要仪器

（1）电泳仪。

（2）电泳槽。

（3）光密度扫描仪。

（4）微量注射器。

四、实验步骤

1. 试样制备

（1）液体样品 取 1mL 样品，依次加入 1mL 水和 2mL 样品缓冲液，沸水浴加热 3~5min，磁力搅拌器搅拌 4h，离心 5min，去除脂肪，取上清液分装，在 -20℃ 保存，备用。

（2）固体样品 称取 1g 样品（精确至 0.1mg），加适量水溶解，定容至 10mL，按液体样品操作。

2. 分离胶制备

按表 2-1 配制 12% 分离胶 20mL，混匀后加入到长、短玻璃板间的缝隙内，60~70mm 高。沿长玻璃板板壁缓慢注入约 5mm 高的水，进行水封。约 30min 后，凝胶与水封层间出现折射率不同的界线，则表示凝胶完全聚合。倾倒去水封层的水，再用滤纸条吸去多余水分。

3. 浓缩胶制备

按表 2-1 配制 3% 浓缩胶 10mL，混匀后加到已聚合的分离胶上方，直至距离短玻璃板上缘约 5mm 处。轻轻将样品槽模板插入浓缩胶内，约 30min 后凝胶聚合，再放置 20~30min，使凝胶老化。

表 2-1　　　　　　　　　　不连续电泳的凝胶配方（垂直电泳）

贮液	3% 浓缩胶	12% 分离胶
丙烯酰胺单体贮备液	2.5mL	12mL
浓缩胶缓冲液贮备液	0.6mL	—
分离胶缓冲液贮备液	—	7.5mL
十二烷基硫酸钠溶液	50μL	100μL
水	1.82mL	10mL
N,N,N',N'-四甲基乙二胺溶液	5μL	20μL
过硫酸铵溶液	25μL	200μL

资料来源：NY/T 1663—2008《乳与乳制品中 β-乳球蛋白的测定　聚丙烯酰胺凝胶电泳法》.

4. 装槽

水平取出梳子，将胶板垂直放入电泳槽中，并灌入新配制的电极缓冲液，浸没玻璃板上边缘，胶板底部不要有气泡。

5. 上样

用微量进样器分别加入 β-乳球蛋白标准溶液 2μL 或试样 2μL。

6. 参考电泳条件（恒电流）

浓缩胶中浓缩电流 30mA；分离胶中分离电流 30mA。

7. 染色

剥出的凝胶用水清洗 3 次，浸泡在盛有考马斯亮蓝染色液的器皿中，染色 12h。

8. 脱色

染色后的凝胶先用水冲洗表面的多余染料，再用脱色液浸泡脱色。更换脱色液，至凝胶背景无色为止。

9. 分析

用光密度扫描仪对凝胶进行测定分析，根据光密度值计算 β-乳球蛋白的含量。

五、实验结果与分析

样品中 β-乳球蛋白含量按式（2-1）计算：

$$X = \frac{OD_s}{OD_{std}} \times \rho_{std} \times \frac{V_s}{m} \times \frac{V_1}{V_2} \times f \times 100\% \qquad (2-1)$$

式中　X——试样中 β-乳球蛋白含量，%；

$\quad\ OD_s$——试样溶液中 β-乳球蛋白的光密度值；

$\quad\ \rho_{std}$——标准溶液中 β-乳球蛋白的质量浓度，mg/mL；

$\quad\ V_1$——样品定容体积，mL；

$\quad\ OD_{std}$—— β-乳球蛋白标准溶液的光密度值；

$\quad\ V_2$——试样的上样体积，μL；

$\quad\ V_s$—— β-乳球蛋白标准溶液上样体积，μL；

$\quad\ f$——稀释倍数；

$\quad\ m$——试样的质量，g。

测定结果用平行测定的算术平均值表示，保留 3 位有效数字。

六、思考题

1. SDS-PAGE 分离蛋白质的原理是什么？
2. 影响电泳分离效果的主要因素有哪些？如何根据这些因素规范自己的实验操作？

实验二　发酵食品中蛋白质含量的测定

蛋白质是生命的基础物质，是构成生物体细胞组织的重要成分，是生物体发育及修补组织的原料，一切有生命的活体都具有不同类型的蛋白质。人体内的酸、碱及水分平衡，遗传信息的传递，物质代谢及转运都与蛋白质有关。

我们常吃的发酵食品，如发酵豆制品和发酵乳制品，从原料到成品，蛋白质对产品风味、组织结构、外观、品质、口感等都有直接影响。测定食品中蛋白质的含量，对于评价食品的营养价值、合理开发利用食品资源、提高产品质量、优化食品配方、指导经济核算及生产过程控制均具有重要的意义。

一、实验目的

了解考马斯亮蓝法测定蛋白质原理，掌握考马斯亮蓝法测定蛋白质的实验技术。

二、实验原理

考马斯亮蓝法测定蛋白质浓度，是利用蛋白质-染料结合的原理，定量测定微量蛋白质浓度的快速、灵敏的方法。这种蛋白质测定法具有超过其他几种方法的突出优点，因而得到广泛的应用。

考马斯亮蓝 G-250 染料，在酸性溶液中与蛋白质结合，使染料的最大吸收峰位置，由 465nm 变为 595nm，溶液的颜色也由棕黑色变为蓝色。通过测定 595nm 处光吸收的增加量可知与其结合的蛋白质的量。研究发现，染料主要是与蛋白质中的碱性氨基酸（特别是精氨酸）和芳香族氨基酸残基相结合。

三、实验试剂与仪器

1. 试剂

（1）考马斯亮蓝 G-250 溶液 称取约 100mg 考马斯亮蓝 G-250，溶于 50mL 95% 的乙醇后，再加入 100mL 85% 的磷酸，用水稀释至 1L，滤纸过滤。

（2）0.1mg/mL 牛血清白蛋白（BSA）标准溶液 准确称取牛血清白蛋白 50mg，加水溶解并定容至 500mL，配制成蛋白质标准溶液。

2. 主要仪器

（1）分光光度计。

（2）天平。

（3）超声波清洗器。

（4）离心机。

（5）食物粉碎机。

四、实验步骤

1. 样品前处理

（1）液体试样 称取混匀试样 1g 于 100mL 容量瓶，用水定容至刻度。取部分溶液于 4000r/min 离心 15min，上清液为试样待测液。

（2）固体、半固体试样 称取粉碎匀浆后的试样 1g，用 80mL 水洗入 100mL 容量瓶，超声提取 15min。用水定容至刻度，取部分溶液于 4000r/min 离心 15min，上清液为试样待测液。

2. 标准曲线的绘制

用移液管分别准确吸取 0mL，0.03mL，0.06mL，0.12mL，0.24mL，0.48mL，0.72mL，0.84mL，0.96mL 蛋白质标准溶液于 20mL 具塞刻度试管中，所得蛋白质含量分别为 0mg，0.003mg，0.006mg，0.012mg，0.024mg，0.048mg，0.072mg，0.084mg，0.096mg，分别加入蒸馏水 1.0mL，0.97mL，0.94mL，0.88mL，0.76mL，0.52mL，0.28mL，0.16mL，0.04mL，再分别加入考马斯亮蓝 G-250 溶液 5mL，振荡混匀，静置 2min。以试剂空白为参比液调零，用分光光度计于 595nm 处测定吸光度（应在出现蓝色 2~60min 内完成），绘制标准曲线。

3. 试样测定

吸取 0.5mL 试样待测液（根据样品中蛋白质含量，可适当调节待测液体积），置于 20mL 比色管中，加入 0.5mL 蒸馏水，再加 5mL 考马斯亮蓝 G-250 溶液，振荡混匀，静置 2min。以试剂空白为参比液调零，用分光光度计于 595nm 处测定吸光度（应在出现蓝色 2~60min 内完成），根据标准曲线计算出样品蛋白质含量。

五、实验结果与分析

样品中蛋白质的含量按式（2-2）计算：

$$X = \frac{(\rho - \rho_0) \times V}{m \times 1000} \times 100\% \tag{2-2}$$

式中　X——试样中蛋白质的含量，%；

ρ——从标准工作曲线得到的蛋白质质量浓度，mg/mL；

ρ_0——空白试验中蛋白质质量浓度，mg/mL；

V——最终样液的定容体积，mL；

m——测试所用试样质量，g。

精密度：在重复性条件下获得的两次独立测试结果的相对偏差不大于这两个测定值算术平均值的 10%。

六、思考题

1. 除了考马斯亮蓝法，还有哪些蛋白质定量测定方法？
2. 考马斯亮蓝法测定蛋白质含量有什么优缺点？

实验三　发酵食品中寡肽含量的测定

随着生物技术的发展，越来越多的酶解发酵产物如寡肽等，被证明不仅发挥营养作用，而且具有提高免疫力、改善动物胃肠道菌群结构等功能，并且极有可能作为保健食品的功能因子，改善人体免疫力或辅助治疗高血压、糖尿病等。

蛋白质经过发酵等生物技术处理后，可以转化成富含寡肽的发酵食品，按照现代消化理论，寡肽可直接被消化道吸收，且具有转运速度快、耗能低和不易饱和等特点，消除与游离氨基酸的吸收竞争，大大地提高蛋白质的吸收利用率。因此寡肽是判断发酵食品品质的重要指标之一。

一、实验目的

了解凯氏定氮法和甲醛滴定法测定寡肽含量的基本原理，掌握凯氏定氮法和甲醛滴定法测定寡肽含量的操作要点。

二、实验原理

凯氏定氮法是测定化合物或混合物中总氮量的一种方法。即在有催化剂的条件下，用浓硫酸硝化样品将有机氮都转变成无机铵盐，然后在碱性条件下将铵盐转化为氨，随水蒸气馏出并为过量的酸液吸收，再以标准酸滴定，就可计算出样品中的含氮量。由于蛋白质含氮量比较恒定，可由其含氮量计算蛋白质含量，此法是经典的蛋白质定量方法。

甲醛滴定法，是测定氨基酸态氮含量的一种方法。常温下，甲醛能迅速与氨基酸的氨基结合，生成羟甲基化合物，使上述平衡右移，促使—NH_3^+释放 H^+，使溶液的酸度增加，滴定中和终点移至酚酞的变色域内（pH 9.0 左右）。因此可用酚酞作指示剂，用标准氢氧化钠溶液滴定。假设一种已知的氨基酸，从甲醛滴定的结果可算出氨基酸态氮的含量。此法简便快速，常用来测定蛋白质的水解程度，随水解程度的增加滴定值也增加，滴定值不再增加时，表明水解作用已完全。

寡肽是指由 2～20 个氨基酸残基通过肽键连接形成的肽，分子质量一般在 180～2000u。单宁酸能沉淀分子质量在 2000u 以上的蛋白质，通过采用凯氏定氮法测出经单宁酸沉淀后滤液中的寡肽与游离氨基酸总含量，再用甲醛滴定法测定出滤液中游离氨基酸的含量，计算两者的差值即为寡肽的含量。本实验采用凯氏定氮法和甲醛滴定法测定发酵鱼粉中寡肽含量。

三、实验试剂与仪器

1. 试剂（所用水为重蒸水）

（1）160g/L 单宁酸溶液　称取 16g 单宁酸溶于 100mL 水中，用滤纸过滤，现配现用。

（2）混合催化剂　6g 硫酸钾和 0.4g 五水合硫酸铜混合均匀。

（3）混合指示剂　1g/L 甲基红乙醇溶液和 5g/L 溴甲酚绿乙醇溶液等体积混合。

（4）0.01mol/L 盐酸标准溶液　取 0.9mL 盐酸，加水稀释至 1L，混匀。

（5）20g/L 硼酸溶液　称取 2g 硼酸，溶于 100mL 水中。

（6）0.1mol/L 氢氧化钠标准溶液　称取 4g 氢氧化钠，溶于 1000mL 水中。

（7）0.05mol/L 氢氧化钠标准溶液　用 0.1mol/L 氢氧化钠标准溶液稀释后使用。

（8）pH 8.1 中性甲醛溶液　量取 200mL 37%～40%甲醛溶液于 400mL 烧杯中，置于电磁搅拌器上，边搅拌边用 0.05mol/L 氢氧化钠溶液调至 pH 8.10。

（9）30%过氧化氢。

（10）400g/L 氢氧化钠溶液　称取 40g 氢氧化钠溶于 100mL 水中。

（11）pH 6.8 缓冲溶液　取 0.1mol/L 氢氧化钠溶液 22.4mL 和 0.2mol/L 磷酸二氢钾溶液 25mL，加蒸馏水至 200mL。

2. 主要仪器

（1）实验室用样品粉碎机或研钵。

（2）试验筛。

（3）凯氏蒸馏装置。

（4）pH 计。

（5）电磁搅拌器。

（6）振荡机。

（7）离心机。

四、实验步骤

1. 样品处理

选取具有代表性的试样用四分法缩减至200g，粉碎后全部通过试验筛，装于密封容器中待测，防止试样成分变化。称取经上述处理的试样5g（精确至0.0001g），置于磨口锥形瓶中，加100mL水，不时振摇，浸渍3h后于5000r/min离心机中离心30min，过滤得滤液（a），备用。

2. 寡肽和游离氨基酸总量的测定

吸取滤液（a）10mL置于100mL容量瓶中，加入50mL水，摇匀，加入10mL单宁酸溶液，摇匀后定容至100mL，于5000r/min离心机离心30min，过滤得滤液（b），备用。

吸取滤液（b）10mL置于凯氏烧瓶中，加入混合催化剂6.4g，混匀后再加入12mL浓硫酸，在消化炉或电炉上小心加热，待泡沫消失后，加强火力直至溶液澄清，然后再继续加热至少2h。将消化后的溶液冷却，加水20mL，转入100mL容量瓶中，冷却后用水稀释至刻度，摇匀，为试样分解液。取10mL 20g/L硼酸溶液置于锥形瓶中，加入混合指示剂2滴，使凯氏蒸馏装置的冷凝管下端插入液面下。准确移取10mL试样分解液注入蒸馏装置的反应室中，用少量蒸馏水洗入，加入10mL 400g/L氢氧化钠溶液，塞好玻璃塞，并在入口处加水密封。蒸馏4min移动锥形瓶使液面离开冷凝管下端，再蒸馏1min，用少量蒸馏水冲洗冷凝管下端外部，取下锥形瓶。

蒸馏后的吸收液立即用0.01mol/L盐酸标准溶液滴定，溶液由蓝绿色变为灰红色为终点。记录消耗盐酸标准溶液滴定的体积。

空白测定：称取蔗糖0.5g，代替试样按同样操作进行空白测定，消耗0.01mol/L盐酸标准溶液的体积不得超过0.2mL。

3. 游离氨基酸含量的测定

将pH计接通电源，预热30min后，用pH 6.8的缓冲溶液校准pH计。吸取10mL滤液（a）于100mL烧杯中，加5滴过氧化氢溶液和10mL水。然后将烧杯置于电磁搅拌器上，插入电极。开动电磁搅拌器，先用400g/L氢氧化钠溶液较快调节pH到7.5左右，再用0.05mol/L氢氧化钠标准溶液慢慢调节pH至8.10，并且保持1min不变。然后慢慢加入15mL中性甲醛溶液，1min后用0.05mol/L氢氧化钠标准溶液滴定至pH 8.10。记录滴定所消耗氢氧化钠标准溶液的体积。

五、实验结果与分析

（1）寡肽和游离氨基酸的总含量　按式（2-3）计算：

$$X_T = \frac{(V - V_0) \times c \times 0.0140 \times 6.25 \times 100}{m} \times 100\% \qquad (2-3)$$

式中　X_T——寡肽和游离氨基酸的总含量，%；

V——样品测定消耗盐酸标准溶液的体积，mL；

V_0——空白测定消耗盐酸标准溶液的体积，mL；

c——盐酸标准溶液的浓度，mol/L；

0.0140——每毫升盐酸标准溶液（1mol/L）相当于氮的质量，g；

6.25——氮换算为粗蛋白质的系数；

m——样品的质量，g。

（2）游离氨基酸的含量　按式（2-4）计算：

$$X_A = \frac{c \times V \times 0.128 \times 10}{m} \times 100\% \tag{2-4}$$

式中　X_A——游离氨基酸的含量，%；

c——氢氧化钠标准溶液的浓度，mol/L；

V——加入中性甲醛溶液后，滴定试样消耗 0.05mol/L 氢氧化钠标准溶液的体积，mL；

0.128——每毫升 1mol/L 氢氧化钠标准溶液相当于游离氨基酸的质量，g；

m——样品的质量，g。

（3）寡肽的含量　按式（2-5）计算：

$$X_G = X_T - X_A \tag{2-5}$$

式中　X_G——寡肽的含量，%；

X_T——寡肽和游离氨基酸的总含量，%；

X_A——游离氨基酸的含量，%。

六、思考题

甲醛滴定法中为什么滴定所用的甲醛要用中性的？

实验四　发酵食品中氨基酸态氮含量的测定

氨基酸态氮是指发酵食品中以氨基酸形式存在的氮元素的含量。氨基酸态氮是判定发酵产品发酵程度的特性指标。如该指标不达标，可能是生产工艺不符合标准要求，产品配方缺陷或者是产品与已制定指标不匹配等原因造成的。

氨基酸态氮是酱油的营养指标，也是酱油中含量的特征指标。酿造酱油通过其氨基酸态氮的含量可区别其等级，每百毫升中氨基酸态氮所含量越高，品质越好。一般来说，特级、一级、二级、三级酱油的氨基酸态氮含量分别≥0.8g/100mL、≥0.7g/100mL、≥0.55g/100mL、≥0.4g/100mL，酱油中氨基酸态氮含量不得小于 0.4g/100mL。

一、实验目的

了解电位滴定法测定氨基酸态氮的基本原理，掌握电位滴定法的基本操作技能。

二、实验原理

氨基酸态氮的测定是通过氨基酸羧基的酸度来测定样品中氨基酸态氮的含量。氨基酸含有羧基和氨基，利用氨基酸的两性作用，加入甲醛以固定氨基的碱性，使羧基显示出酸性，用氢氧化钠标准溶液滴定后定量，以酸度计测定终点。

$$RCH（NH）_2COOH+HCOH \Longrightarrow RCH（NHCH_2OH）COOH$$

$$RCH（NHCH_2OH）COOH+NaOH \Longrightarrow RCH（NHCH_2OH）+H_2O$$

三、实验试剂与仪器

1. 试剂

（1）36%～38%甲醛　应不含有聚合物（没有沉淀且溶液不分层）。

（2）0.05mol/L 氢氧化钠标准滴定溶液。

（3）95%乙醇。

（4）10g/L 酚酞指示液　称取酚酞 1g，溶于 95%的乙醇中，用 95%乙醇定容至 100mL。

（5）邻苯二甲酸氢钾　基准物质。

2. 主要仪器

（1）酸度计（附磁力搅拌器）。

（2）分析天平。

四、实验步骤

1. 氢氧化钠标准滴定溶液的标定

准确称取 0.36g 在 105～110℃干燥至恒重的基准邻苯二甲酸氢钾，加 80mL 新煮沸过的水，使之尽量溶解，加 2 滴 10g/L 酚酞指示液，用氢氧化钠溶液滴定至溶液呈微红色，30s 不褪色。记下消耗氢氧化钠溶液体积，同时做空白测定。

氢氧化钠标准滴定溶液的浓度按式（2-6）计算：

$$c = \frac{m}{(V_1 - V_2) \times 0.2042} \tag{2-6}$$

式中　c——氢氧化钠标准滴定溶液的浓度，mol/L；

m——基准邻苯二甲酸氢钾的质量，g；

V_1——消耗氢氧化钠标准溶液的体积，mL；

V_2——空白测定中消耗氢氧化钠标准溶液的体积，mL；

0.2042——与 1.00mL 1.0mol/L 氢氧化钠标准滴定溶液相当的基准邻苯二甲酸氢钾的质量，g。

2. 样品处理

称量 5.0g（或吸取 5mL）酱油试样于 50mL 的烧杯中，用水分数次洗入 100mL 容量瓶中，加水至刻度，混匀后吸取 20mL 置于 200mL 烧杯中，加 60mL 水，开动磁力搅拌器，用 0.05mol/L 氢氧化钠标准溶液滴定至酸度计指示 pH 为 8.2，记下消耗氢氧化钠标准滴定溶液的体积，可计算总酸含量。

加入 10.0mL 甲醛溶液，混匀。再用氢氧化钠标准滴定溶液继续滴定至 pH 9.2，记下消耗氢氧化钠标准滴定溶液的体积。同时取 80mL 水，先用 0.05mol/L 氢氧化钠标准溶液调节至 pH 8.2，再加入 10mL 甲醛溶液，用氢氧化钠标准滴定溶液滴定至 pH 9.2，做试剂空白测定。

五、实验结果与分析

试样中氨基酸态氮的含量按式（2-7）进行计算：

$$X = \frac{(V_1 - V_2) \times c \times 0.014}{m \times V_3 / V_4} \times 100\% \tag{2-7}$$

式中　X——试样中氨基酸态氮的含量，%；

V_1——测定用试样稀释液加入甲醛后消耗氢氧化钠标准滴定溶液的体积，mL；

V_2——试剂空白测定加入甲醛后消耗氢氧化钠标准滴定溶液的体积，mL；

c——氢氧化钠标准滴定溶液的浓度，mol/L；

0.014——与 1mL 1.0mol/L 氢氧化钠标准滴定溶液相当的氮的质量，g；

m——称取试样的质量，g；

V——吸取试样的体积，mL；

V_3——试样稀释液的取用量，mL；

V_4——试样稀释液的定容体积，mL；

100——单位换算系数。

计算结果保留 2 位有效数字。

在重复性条件下获得的 2 次独立测定结果的绝对差值不得超过算术平均值的 10%。

六、思考题

1. 测定酱油中氨基酸含氮量时，加入甲醛以后会发生怎样的现象？原因是什么？如何解决？

2. 酱油有底色，如何判断电位滴定法测氨基酸态氮的滴定终点？

实验五　发酵食品中氨基酸种类及含量的测定

氨基酸作为组成蛋白质的基本单元，在生物代谢过程中起着关键作用。在构成蛋白质的氨基酸中，亮氨酸、异亮氨酸、赖氨酸、苯丙氨酸、甲硫氨酸、苏氨酸、色氨酸和缬氨酸八种氨基酸在人体中不能合成，必须依靠食品供给，故被称为必需氨基酸。它们对人体极其重要，如果缺乏或减少其中某一种，人体的正常生命代谢就会受到障碍。

谷类发酵制品如甜面酱、米醋、米酒等，含有丰富的苏氨酸，豆类发酵制品和乳类发酵制品，如豆瓣酱、酱油、豆豉、腐乳、酸乳和乳酪中，也富含各种氨基酸。因此，对发酵食品及其原料中氨基酸进行分离、鉴定和定性定量分析具有极其重要的意义。

一、实验目的

掌握氨基酸、含氮量等的概念和相关知识，学习及掌握茚三酮法测定氨基酸的基本原理和操作技能。

二、实验原理

食物中的蛋白质经盐酸水解，成为游离氨基酸，再用氨基酸分析仪进行测定。氨基酸分析仪是应用离子交换层析原理，离子交换柱树脂为磺酸型强阳性阳离子交换树脂。氨基酸与树脂中的交换基团进行离子交换，用不同 pH 的缓冲溶液进行洗脱时，因交换能力的不同而将氨基酸混合物分开，一般是酸性和含羟基的氨基酸最先被洗脱下来，然后是中性氨基酸，最后是碱性氨基酸。分离流出色谱柱的氨基酸在 135℃ 下与茚三酮反应生成紫色物质——茚二酮炔-茚二酮胺，通过分光光度计测定其含量。

三、实验试剂与仪器

1. 试剂

（1）6mol/L 盐酸溶液 取 500mL 盐酸加水稀释至 1000mL，混匀。

（2）冷冻剂 市售食盐与冰块按质量 1∶3 混合。

（3）500g/L 氢氧化钠溶液 称取 50g 氢氧化钠，溶于 50mL 水中，冷却至室温后，用水稀释至 100mL，混匀。

（4）0.2mol/L 柠檬酸钠缓冲溶液 称取 19.6g 柠檬酸钠加入 500mL 水溶解，加入 16.5mL 盐酸，用水稀释至 1000mL，混匀，用 6mol/L 盐酸溶液或 500g/L 氢氧化钠溶液调节 pH 至 2.2。

（5）不同 pH 和离子强度的洗脱用缓冲溶液 参照仪器说明书配制或购买。

（6）茚三酮溶液 参照仪器说明书配制或购买。

（7）1μmol/mL 混合氨基酸标准储备液 分别准确称取单个氨基酸标准品（精确至 0.00001g）于同一 50mL 烧杯中，用 8.3mL 6mol/L 盐酸溶液溶解，转移至 250mL 容量瓶中，用水稀释定容至刻度，混匀（各氨基酸标准品称量质量参考值见表 2-2）。

（8）100nmol/mL 混合氨基酸标准工作液 准确吸取混合氨基酸标准储备液 1mL 于 10mL 容量瓶中，加 pH 2.2 柠檬酸钠缓冲溶液定容至刻度，混匀，为标准上机液。

（9）16 种单个氨基酸标准品 固体，纯度≥98%。

2. 主要仪器

（1）实验室用组织粉碎机或研磨机。

（2）匀浆机。

（3）分析天平。

（4）水解管。

（5）真空泵。

（6）酒精喷灯。

（7）电热鼓风恒温箱或水解炉。

（8）试管浓缩仪或平行蒸发仪（附带配套 15~25mL 试管）。

（9）氨基酸分析仪 茚三酮柱后衍生离子交换色谱仪。

四、实验步骤

1. 试样制备

固体或半固体试样使用组织粉碎机或研磨机粉碎，液体试样用匀浆机打成匀浆密封冷冻保存，分析时将其解冻后使用。

2. 试样称量

均匀性好的样品，如乳粉等，称取一定量试样（精确至 0.0001g），使试样中蛋白质含量在 10~20mg。对于蛋白质含量未知的样品，可先测定样品中蛋白质含量。将称量好的样品置于水解管中，对于很难获得高均匀性的试样，如鲜肉等，为减少误差可适当增大称样量，测定前再做稀释。对于蛋白质含量低的样品，如蔬菜、水果、饮料和淀粉类食品等，固体或半固体试样称样量不大于 2g，液体试样称样量不大于 5g。

3. 试样水解

根据试样的蛋白质含量，在水解管内加 1~15mL 6mol/L 盐酸溶液。对于含水量高、蛋白质含量低的试样，如饮料、水果、蔬菜等，可先加入相同体积的盐酸混匀后，再用 6mol/L 盐酸溶液补至 10mL。继续向水解管内加入苯酚 3~4 滴。

将水解管放入冷冻剂中，冷冻 3~5min，接到真空泵的抽气管上，抽真空（接近 0Pa），然后充入氮气，重复抽真空–充入氮气 3 次后，在充氮气状态下封口或拧紧螺丝盖。

将已封口的水解管放在（110±1）℃的电热鼓风恒温箱或水解炉内，水解 22h 后，取出，冷却至室温。

打开水解管，将水解液过滤至 50mL 容量瓶内，用少量水多次冲洗水解管，水洗液移入同一 50mL 容量瓶内，最后用水定容至刻度，振荡混匀。

准确吸取 1.0mL 滤液移入到 15mL 或 25mL 试管内，用试管浓缩仪或平行蒸发仪在 40~50℃加热环境下减压干燥，干燥后残留物用 1~2mL 水溶解，再减压干燥，最后蒸干。

用 1~2mL pH 2.2 柠檬酸钠缓冲溶液加入到干燥后试管内溶解，振荡混匀后，吸取溶液通过 0.22μm 滤膜，转移至仪器进样瓶，为样品测定液，供仪器测定用。

4. 测定

（1）**仪器条件** 使用混合氨基酸标准工作液注入氨基酸自动分析仪，参照 JJG 1064—2011《氨基酸分析仪》检定规程及仪器说明书，适当调整仪器操作程序及参数和洗脱用缓冲溶液试剂配比，确认仪器操作条件。

（2）**色谱参考条件**

色谱柱：磺酸型阳离子树脂；

检测波长：570nm 和 440nm。

（3）**试样的测定** 混合氨基酸标准工作液和样品测定液分别以相同体积注入氨基酸分析仪，以外标法通过峰面积计算样品测定液中氨基酸的浓度。

五、实验结果与分析

（1）**混合氨基酸标准储备液中各氨基酸浓度的计算** 各氨基酸标准品称量质量参考

值及摩尔质量见表2-2。

表2-2　配制混合氨基酸标准储备液时氨基酸标准品的称量质量参考值及摩尔质量

氨基酸标准品名称	称量质量参考值/mg	摩尔质量/（g/mol）
L-天门冬氨酸	33	133.1
L-苏氨酸	30	119.1
L-丝氨酸	26	105.1
L-谷氨酸	37	147.1
L-脯氨酸	29	115.1
甘氨酸	19	75.07
L-丙氨酸	22	89.06
L-缬氨酸	29	117.2
L-甲硫氨酸	37	149.2
L-异亮氨酸	33	131.2
L-亮氨酸	33	131.2
L-酪氨酸	45	181.2
L-苯丙氨酸	41	165.2
L-组氨酸盐酸盐	52	209.7
L-赖氨酸盐酸盐	46	182.7
L-精氨酸盐酸盐	53	210.7

资料来源：GB 5009.124—2016《食品安全国家标准　食品中氨基酸的测定》。

混合氨基酸标准储备液中各氨基酸的含量按式（2-8）计算：

$$c_j = \frac{m_j}{M_j \times 250} \times 1000 \qquad (2-8)$$

式中　c_j——混合氨基酸标准储备液中氨基酸 j 的浓度，$\mu mol/mL$；

　　　m_j——称取氨基酸标准品 j 的质量，mg；

　　　M_j——氨基酸标准品 j 的摩尔质量，g/mol；

　　　250——定容体积，mL；

　　1000——换算系数。

结果保留 4 位有效数字。

（2）样品中氨基酸含量的计算　样品测定液氨基酸的含量按式（2-9）计算：

$$c_i = \frac{c_s}{A_s} \times A_i \qquad (2-9)$$

式中　c_i——样品测定液氨基酸 i 的浓度，nmol/mL；

　　　A_i——试样测定液氨基酸 i 的峰面积；

　　　A_s——氨基酸标准工作液氨基酸 s 的峰面积；

　　　c_s——氨基酸标准工作液氨基酸 s 的浓度，nmol/mL。

试样中各氨基酸的含量按式（2-10）计算：

$$X_i = \frac{c_i \times F \times V \times M_i}{m \times 10^9} \times 100\%$$

$(2-10)$

式中　X_i——试样中氨基酸 i 的含量，%；

　　　c_i——试样测定液中氨基酸 i 的浓度，nmol/mL；

　　　F——稀释倍数；

　　　V——试样水解液转移定容的体积，mL；

　　　M_i——氨基酸 i 的摩尔质量，g/mol，各氨基酸的名称及摩尔质量见表 2-2；

　　　m——称样量，g；

　　　10^9——将试样含量由纳克（ng）折算成克（g）的系数；

　　　100——换算系数。

试样氨基酸含量在 1% 以下，保留 2 位有效数字；含量在 1% 以上，保留 3 位有效数字。

（3）精密度　在重复性条件下获得的 2 次独立测定结果的绝对差值不得超过算术平均值的 12%。

（4）其他　当试样为固体或半固体时，最大试样量为 2g，干燥后溶解体积为 1mL，各氨基酸的检出限和定量限见表 2-3。

表 2-3　　　　　　　　　　固体样品中各氨基酸的检出限和定量限

氨基酸名称	检出限/（g/100g）	定量限/（g/100g）
天门冬氨酸	0.00013	0.00036
苏氨酸	0.00014	0.00048
丝氨酸	0.00018	0.00060
谷氨酸	0.00024	0.00070
甘氨酸	0.00025	0.00084
丙氨酸	0.0029	0.0097
缬氨酸	0.00012	0.00032
甲硫氨酸	0.0023	0.0075
异亮氨酸	0.00043	0.0013
亮氨酸	0.0011	0.0036
酪氨酸	0.0028	0.0095
苯丙氨酸	0.0025	0.0083
赖氨酸	0.00013	0.00044
组氨酸	0.00059	0.0020
精氨酸	0.0020	0.0065
脯氨酸	0.0026	0.0087

资料来源：GB 5009.124—2016《食品安全国家标准　食品中氨基酸的测定》.

当试样为液体时，最大试样量为 5g，干燥后溶解体积为 1mL，各氨基酸的检出限和定量限见表 2-4。

表 2-4　　　　　　　　　液体样品中各氨基酸的检出限和定量限

氨基酸名称	检出限/（g/100g）	定量限/（g/100g）
天门冬氨酸	0.000050	0.00014
苏氨酸	0.000057	0.00019
丝氨酸	0.000072	0.00024
谷氨酸	0.000090	0.00028
甘氨酸	0.0010	0.00034
丙氨酸	0.0012	0.0039
缬氨酸	0.000050	0.00013
甲硫氨酸	0.00090	0.0030
异亮氨酸	0.00015	0.00050
亮氨酸	0.00043	0.0014
酪氨酸	0.0011	0.0038
苯丙氨酸	0.00099	0.0033
赖氨酸	0.000053	0.00018
组氨酸	0.00024	0.00079
精氨酸	0.00078	0.0026
脯氨酸	0.0010	0.0035

资料来源：GB 5009.124—2016《食品安全国家标准　食品中氨基酸的测定》.

六、思考题

1. 茚三酮法测定氨基酸的原理是什么？
2. 茚三酮法是否可用于氨基酸和蛋白质的定性测定？

发酵食品中脂类物质的测定

脂肪是食品中重要的营养成分之一，可为人体提供必需脂肪酸，也是人体热能的主要来源。发酵食品其原料、半成品、成品中脂类含量对产品风味、组织结构、品质、外观、口感等都有直接影响。脂肪含量测定对于发酵食品品质评价、营养价值衡量以及生产工艺监督及质量管理等，均具有重要意义。

发酵食品中脂肪有的以游离态存在，如动物性脂肪及植物性油脂等；有的以结合态存在，如磷脂、糖脂、脂蛋白等。本章主要分述发酵食品中游离态脂肪、总脂肪、游离脂肪酸、总脂肪酸的测定方法。

实验一　发酵食品中游离态脂肪含量的测定

发酵食品中游离态脂肪含量的测定通常采用索氏抽提法，该法是从固体物质中萃取化合物的一种方法，又名连续提取法。因其采用有机溶剂进行抽提，所得产物除脂肪外，还或多或少含有游离脂肪酸、固醇、磷脂、蜡及色素等类脂物，因此所测得的脂肪，也称粗脂肪。

索氏抽提法适用范围广，适用于各类发酵食品及其原料中游离脂肪含量的测定，也适用于水果、蔬菜及其制品、粮食及粮食制品、肉及肉制品、蛋及蛋制品、水产及其制品、焙烤食品、糖果等食品中游离态脂肪含量的测定。常用于脂类含量较高、含结合态脂肪较少、能烘干磨细、不易吸潮结块的样品的测定，原则上应用于风干或经干燥处理的试样，但某些湿润、黏稠状态的食品，添加无水硫酸钠混合分散后也可设法使用索氏提取法。

一、实验目的

熟悉索氏提取法的原理、操作步骤、注意事项；掌握重量分析的基本操作，包括样品处理、烘干、恒重等。

二、实验原理

脂肪易溶于有机溶剂。将经前处理的、分散且干燥的样品用乙醚或石油醚等溶剂回流提取，使样品中的脂肪进入溶剂中，蒸发除去溶剂，干燥，得到游离态脂肪，通过称重即可计算其含量。

三、实验试剂与仪器

1. 试剂

（1）无水乙醚。

（2）石油醚　沸程为 30~60℃。

2. 主要仪器

（1）索氏抽提器。

（2）恒温水浴锅。

（3）分析天平。

（4）电热鼓风干燥箱、干燥器、滤纸筒、蒸发皿。

四、实验步骤

1. 试样处理

（1）固体试样　称取充分混匀后的试样 2~5g（精确至 0.001g），全部移入滤纸筒内。

（2）液体或半固体试样　称取混匀后的试样 5~10g（精确至 0.001g），置于蒸发皿中，加入约 20g 石英砂，于沸水浴上蒸干后，在电热鼓风干燥箱中于（100±5）℃干燥30min 后，取出，研细，全部移入滤纸筒内。蒸发皿及沾有试样的玻璃棒，均用沾有乙醚的脱脂棉擦净，并将棉花放入滤纸筒内。

2. 抽提

将滤纸筒放入索氏抽提器的抽提筒内，连接已干燥至恒重的接收瓶，由抽提器冷凝管上端加入无水乙醚或石油醚至瓶内容积的三分之二处，于水浴上加热，使无水乙醚或石油醚不断回流抽提（6~8 次/h），一般抽提 6~10h。提取结束时，用磨砂玻璃棒接取 1滴提取液，磨砂玻璃棒上无油斑表明提取完毕。

3. 称量

取下接收瓶，回收无水乙醚或石油醚，待接收瓶内溶剂剩余 1~2mL 时在水浴上蒸干，再于（100±5）℃干燥 1h，放干燥器内冷却 0.5h 后称量。重复以上操作直至恒重（直至两次称量的差不超过 2mg）。

五、实验结果与分析

试样中脂肪的含量按式（3-1）计算：

$$X = \frac{m_1 - m_0}{m_2} \times 100\% \qquad (3-1)$$

式中　X——试样中脂肪的含量，%；

m_1——恒重后接收瓶和脂肪的质量，g；

m_0——接收瓶的质量，g；

m_2——试样的质量，g；

100——换算系数。

计算结果表示到小数点后 1 位。

六、思考题

1. 发酵食品中游离脂肪酸测定有何意义？

2. 除无水乙醚、石油醚外，还有哪些常用有机试剂可用于脂类物质提取？不同试剂分别适用于哪些样品中脂类的提取？

3. 为什么索氏抽提法的测定结果为粗脂肪？测定过程中要注意哪些问题？

4. 索氏抽提法测定脂肪的过程中，误差产生的来源及可能的预防措施有哪些？

5. 如何测定发酵食品中总脂肪含量？

实验二　发酵食品中总脂肪含量的测定

腊肉、火腿、面包等发酵食品，其脂肪被包含在食品组织内部，或与食品成分结合而成结合态脂类，用索氏提取法不能完全提取出来。因此，必须要用强酸将淀粉、蛋白质、纤维素等水解，使脂类游离出来（酸水解），再用有机溶剂提取。酸水解法适用于各类食品总脂肪的测定，对于易吸潮、结块、难以干燥的食品应用本法测定效果较好，但此法不宜用于高糖类食品，因糖类食品遇强酸易炭化而影响测定效果。应用此法，脂类中的磷脂，在水解条件下将几乎完全分解为脂肪酸及碱，当测定含高浓度磷脂的食品时，测定值将偏低，故对于磷脂含量较高的蛋及其制品、鱼类及其制品，不适宜用此法。

酸水解法测定的包括游离态脂肪和结合态脂类的总脂肪。

一、实验目的

理解并掌握酸水解法测定食品总脂肪含量的基本原理和操作方法；理解不同试样的处理原理和操作要点。

二、实验原理

食品中的结合态脂肪必须用强酸使其游离出来，酸水解法的原理是利用盐酸等强酸在加热的条件下将试样水解，使结合或包藏在组织内的脂肪游离出来，再用无水乙醚或石油醚等有机溶剂提取脂肪，经回收溶剂并干燥后，即得游离态和结合态脂肪的总量，称重计算其含量。

三、实验试剂与仪器

1. 试剂

（1）无水乙醇。

（2）无水乙醚。

（3）石油醚　沸程为 30~60℃。

（4）2mol/L 盐酸溶液　量取 50mL 盐酸，加入到 250mL 水中，混匀。

（5）0.05mol/L 碘液　称取 6.5g 碘和 25g 碘化钾置于少量水中溶解，稀释至 1L。

2. 主要仪器

（1）恒温水浴锅。

（2）分析天平。

（3）电热鼓风干燥箱。

四、实验步骤

1. 试样酸水解

（1）肉制品酸水解　称取混匀后的试样 3~5g（精确至 0.001g），置于 250mL 锥形瓶中，加入 50mL 2mol/L 盐酸溶液和数粒玻璃细珠，盖上表面皿，于电热板上加热至微沸，保持 1h，每 10min 旋转摇动 1 次。取下锥形瓶，加入 150mL 热水，混匀，过滤。锥形瓶和表面皿用热水洗净，热水一并过滤。沉淀用热水洗至中性（用蓝色石蕊试纸检验，中性时试纸不变色），将沉淀和滤纸置于大表面皿上，于（100±5）℃干燥箱内干燥 1h，冷却。

（2）淀粉酸水解　根据总脂肪含量的估计值，称取混匀后的试样 25~50g（精确至 0.1g），倒入烧杯并加入 100mL 水。将 100mL 盐酸缓慢加到 200mL 水中，并将该溶液在电热板上煮沸后加入样品液中，加热此混合液至沸腾并维持 5min，停止加热后，取几滴混合液于试管中，待冷却后加入 1 滴碘液，若无蓝色出现，可进行下一步操作。若出现蓝色，应继续煮沸混合液，并用上述方法不断地进行检查，直至确定混合液中不含淀粉为止，再进行下一步操作。

将盛有混合液的烧杯置于 70~80℃ 水浴锅中 30min，不停地搅拌，以确保温度均匀，使脂肪析出。用滤纸过滤冷却后的混合液，并用干滤纸片取出黏附于烧杯内壁的脂肪。为确保定量的准确性，应将冲洗烧杯的水进行过滤。在室温下用水冲洗沉淀和干滤纸片，直至滤液用蓝色石蕊试纸检验不变色。将含有沉淀的滤纸和干滤纸片折叠后，放置于大表面皿上，在（100±5）℃的电热恒温干燥箱内干燥 1h。

（3）其他食品

固体试样：称取 2~5g（精确至 0.001g），置于 50mL 试管内，加入 8mL 水，混匀后再加 10mL 盐酸。将试管放入 70~80℃ 水浴中，每隔 5~10min 用玻璃棒搅拌 1 次，至试样消化完全为止，40~50min。

液体试样：称取约 10g（精确至 0.001g），置于 50mL 试管内，加 10mL 盐酸。其余操作同固态试样。

2. 抽提

（1）肉制品、淀粉　将干燥后的试样装入滤纸筒内，将滤纸筒放入索氏抽提器的抽提筒内，连接已干燥至恒重的接收瓶，由抽提器冷凝管上端加入无水乙醚或石油醚至瓶内容积的三分之二处，于水浴上加热，使无水乙醚或石油醚不断回流抽提（6~8次/h），一般抽提 6~10h。提取结束时，用磨砂玻璃棒接取 1 滴提取液，磨砂玻璃棒上无油斑表明提取完毕。

（2）其他食品　取出试管，加入 10mL 乙醇，混合。冷却后将混合物移入 100mL 具塞量筒中，以 25mL 无水乙醚分数次洗试管，一并倒入量筒中。待无水乙醚全部倒入量筒后，加塞振摇匀 1min，小心开塞，放出气体，再塞好，静置 12min，小心开塞，并用乙醚冲洗塞及量筒口附着的脂肪。静置 10~20min，待上部液体清晰，吸出上清液于已恒重的锥形瓶内，再加 5mL 无水乙醚于具塞量筒内，振摇，静置后，仍将上层乙醚吸出，放入原锥形瓶内。

3. 称量

取下接收瓶，回收无水乙醚或石油醚，待接收瓶内溶剂剩余 1~2mL 时在水浴上蒸干，再于（100±5）℃干燥 1h，放干燥器内冷却 0.5h 后称量。重复以上操作直至恒重（直至 2 次称量的差不超过 2mg）。

五、实验结果与分析

试样中脂肪的含量按式（3-2）计算：

$$X = \frac{m_1 - m_0}{m_2} \times 100\% \tag{3-2}$$

式中　X——试样中脂肪的含量，%；

$\quad m_1$——恒重后接收瓶和脂肪的质量，g；

$\quad m_0$——接收瓶的质量，g；

$\quad m_2$——试样的质量，g；

$\quad 100$——换算系数。

计算结果表示到小数点后 1 位。

六、思考题

1. 举例说明酸水解法测定发酵食品中脂肪含量的原理和方法。

2. 使用酸水解法进行食品中总脂肪含量测定，有哪些注意事项？

3. 若用酸水解法测定富含高糖或富含磷脂的食品，测定结果会与实际有何不同，原因是什么？

实验三　发酵乳中脂肪含量的测定

碱水解法是乳及乳制品脂类定量的国际标准法，适用于各种液状乳（生乳、加工乳、部分脱脂乳、脱脂乳等），各种炼乳、乳粉、奶油及冰淇淋等能在碱性溶液中溶解的乳制品，也适用于豆乳或加水呈乳状的食品。乳类脂肪虽然也属于游离脂肪，但因脂肪球被乳中酪蛋白钙盐包裹，又处于高度分散的胶体分散系中，故不能直接被乙醚、石油醚提取，需预先用氨水处理，故此法也称为碱性乙醚提取法。

一、实验目的

掌握碱水解测定发酵乳的原理和方法；理解并掌握不同类型试样的碱水解。

二、实验原理

利用氨-乙醇溶液破坏乳的胶体性状及脂肪球膜，使样品中非脂成分溶解于氨-乙醇溶液中，从而使脂肪游离出来。用无水乙醚和石油醚抽提样品的碱（氨水）水解液，通过蒸馏或蒸发去除溶剂，残留物即为乳脂肪。通过称重计算脂肪含量。

三、实验试剂与仪器

1. 试剂

（1）淀粉酶　酶活力≥1.5U/mg。

（2）氨水　质量分数约25%（可使用比此质量分数更高的氨水）。

（3）乙醇（体积分数至少为95%）。

（4）无水乙醚。

（5）石油醚　沸程为30~60℃。

（6）混合溶剂　等体积混合无水乙醚和石油醚，现用现配。

（7）0.1mol/L碘溶液　称取碘12.7g和碘化钾25g，于水中溶解并定容至1L。

（8）10g/L刚果红溶液　将1g刚果红溶于水中，稀释至100mL（可选择性地使用，刚果红溶液可使溶剂和水相界面清晰，也可使用其他能使水相染色而不影响测定结果的溶液）。

（9）6mol/L盐酸溶液　量取50mL盐酸缓慢倒入40mL水中，定容至100mL，混匀。

2. 主要仪器

（1）分析天平。

（2）电热鼓风干燥箱、干燥器。

（3）恒温水浴锅。

（4）离心机。

四、实验步骤

1. 试样碱水解

（1）巴氏杀菌乳、灭菌乳、生乳、发酵乳、调制乳　称取充分混匀试样10g于抽脂瓶中。加入2.0mL氨水，充分混合后立即将抽脂瓶放入（65±5）℃的水浴中，加热15~20min，期间多次振荡混匀。取出后，冷却至室温，静置30s。

（2）乳粉和婴幼儿食品　称取混匀后的试样，高脂乳粉、全脂乳粉、全脂加糖乳粉和婴幼儿食品约1g，脱脂乳粉、乳清粉、酪乳粉约1.5g，其余操作同1.（1）。

不含淀粉样品：加入10mL（65±5）℃的水，将试样分次洗入抽脂瓶的小球，充分混合，直到试样完全分散，放入流动水中冷却。

含淀粉样品：将试样放入抽脂瓶中，加入约0.1g的淀粉酶，混合均匀后，加入8~10mL 45℃的水，注意液面不要太高。盖上瓶塞于搅拌状态下，置（65±5）℃水浴中2h，每隔10min摇匀1次。为检验淀粉是否水解完全可加入2滴约0.1mol/L的碘溶液，如无蓝色出现说明水解完全，否则将抽脂瓶重新置于水浴中，直至无蓝色产生。抽脂瓶冷却至室温。其余操作同1.（1）。

（3）炼乳　脱脂炼乳、全脂炼乳和部分脱脂炼乳称取3~5g，高脂炼乳称取约1.5g，用10mL水，分次洗入抽脂瓶小球中，充分混合均匀。其余操作同1.（1）。

（4）奶油、稀奶油　先将奶油试样放入温水浴中溶解并混合均匀后，称取试样约0.5g，稀奶油称取约1g于抽脂瓶中，加入8~10mL约45℃的水。再加2mL氨水充分混匀。其余操作同1.（1）。

（5）乳酪　称取约2g研碎的试样于抽脂瓶中，加10mL 6mol/L盐酸，混匀，盖上瓶塞，于沸水中加热20~30min，取出冷却至室温，静置30s。

2. 抽提

（1）加入10mL乙醇，缓和但彻底地进行混合，避免液体太接近瓶颈。如果需要，可加入2滴刚果红溶液。

（2）加入25mL乙醚，塞上瓶塞，将抽脂瓶保持在水平位置，小球的延伸部分朝上夹到摇混器上，按约100次/min振荡1min，也可采用手动振摇方式。但均应注意避免形成持久乳化液。抽脂瓶冷却后小心地打开塞子，用少量的混合溶剂冲洗塞子和瓶颈，使冲洗液流入抽脂瓶。

（3）加入25mL石油醚，塞上重新润湿的塞子，按2.（2）所述，轻轻振荡30s。

（4）将加塞的抽脂瓶放入离心机中，在500~600r/min下离心5min，否则将抽脂瓶静置至少30min，直到上层液澄清，并明显与水相分离。

（5）小心地打开瓶塞，用少量的混合溶剂冲洗塞子和瓶颈内壁，使冲洗液流入抽脂瓶。如果两相界面低于小球与瓶身相接处，则沿瓶壁边缘慢慢地加入水，使液面高于小球和瓶身相接处以便于倾倒。

（6）将上层液尽可能地倒入已准备好的加入沸石的脂肪收集瓶中，避免倒出水层。

（7）用少量混合溶剂冲洗瓶颈外部，冲洗液收集在脂肪收集瓶中。注意勿将溶剂溅到抽脂瓶的外面。

（8）向抽脂瓶中加入5mL乙醇，用乙醇冲洗瓶颈内壁，按2.（1）所述进行混合。重复2.（2）~2.（7）操作，用15mL无水乙醚和15mL石油醚，进行第2次抽提。

（9）重复2.（2）~2.（7）操作，用15mL无水乙醚和15mL石油醚，进行第3次抽提。

（10）空白试验与样品检验同时进行，采用10mL水代替试样，按照相同步骤和相同试剂。

3. 称量

合并所有提取液，既可采用蒸馏的方法除去脂肪收集瓶中的溶剂，也可于沸水浴蒸干溶剂。蒸馏前用少量混合溶剂冲洗瓶颈内部。将脂肪收集瓶放入（100±5）℃的烘箱中干燥1h，取出后置于干燥器内冷却0.5h后称量。重复以上操作直至恒重（直至2次称量的差不超过2mg）。

五、实验结果与分析

试样中脂肪的含量按式（3-3）计算：

$$X = \frac{(m_1 - m_2) - (m_3 - m_4)}{m} \times 100\% \qquad (3-3)$$

式中　X——试样中脂肪的含量，%；

　　m_1——恒重后脂肪收集瓶和抽提物的质量，g；

　　m_2——脂肪收集瓶的质量，g；

　　m_3——空白试验中，恒重后脂肪收集瓶和抽提物的质量，g；

　　m_4——空白试验中，脂肪收集瓶的质量，g；

　　m——样品的质量，g；

　　100——换算系数。

六、思考题

1. 碱水解法测定脂肪含量的最关键步骤是什么？本实验有哪些注意事项？
2. 碱水解法适用于哪些类型试样中的脂肪测定？该方法有何局限性？

实验四　发酵食品中游离脂肪酸含量的测定

食品中的游离脂肪酸对食品品质产生重要的影响。一方面，游离脂肪酸的含量是粮食品质判定的重要依据，反映了粮食储存品质劣变程度，以脂肪酸值表示。脂肪酸值高低与粮食储存品质变化相关，是粮食储存品质的重要判定指标，也是发酵食品原料质量控制的重要指标。另一方面，游离脂肪酸在发酵食品风味形成中起着十分重要的作用，或直接作为风味化合物起作用，或作为酯类等风味物质的主要前体物质风味前体物，对食品特有风味的形成做出贡献。

碱滴定法是 GB/T 20570—2015《玉米储存品质判定规则》中使用的测定食品及其原料中游离脂肪酸含量的方法之一。以氢氧化钾-乙醇标准溶液滴定中和试样提取液中的游离脂肪酸，以酚酞为指示剂，滴定至呈微红色 30s 不褪色为终点，计算得到脂肪酸值含量。

一、实验目的

掌握碱滴定法测定食品中游离脂肪酸的基本原理；掌握碱滴定法测定食品中游离脂肪酸的操作方法。

二、实验原理

油菜籽等试样，干燥后于索氏抽提器中用无水乙醚作溶剂提取油脂，提取出的油脂用氢氧化钾标准溶液滴定，用浸出油中油酸的质量分数表示试样中游离脂肪酸的含量。

三、实验试剂与仪器

1. 试剂

（1）无水乙醚。

（2）乙醇-乙醚混合溶液　无水乙醚与95%乙醇等体积混合，使用前每100mL溶剂加入0.3mL酚酞指示剂。

（3）10g/L酚酞-乙醇溶液　称取0.5g酚酞，用95%乙醇溶液溶解，定容至50mL。

（4）0.05mol/L氢氧化钾-乙醇标准溶液　称取2.8g氢氧化钾，用95%乙醇溶解，定容至1L，提前5d配制，使用前过滤，用邻苯二甲酸氢钾标定。

2. 主要仪器

（1）干燥器。

（2）天平。

（3）电热干燥箱。

（4）索氏抽提器及配套装置。

（5）恒温水浴锅。

四、实验步骤

1. 试样制备

（1）取样　净试样50g装入具塞试剂瓶备用。

（2）研碎　用粉碎机将试样粉碎，当试样含水量高于10%时，在（103±2）℃干燥箱内干燥，使试样含水量在10%以下，再进行试样的粉碎。

（3）保存　试样于常温下保存。

2. 提取

预先将接收瓶在（103±2）℃干燥箱内干燥恒重，记下质量，两次称量结果之差不得超过5mg。准确称取粉碎的试样12.5g，装入滤纸筒中，用脱脂棉封好后放入索氏抽提器内，立即进行油的浸出。用无水乙醚在水温（75±2）℃的水浴上抽提4h，回收乙醚，取下接收瓶擦干瓶外水迹，于（103±2）℃干燥箱内干燥至恒重，记下质量，两次称量结果之差不得超过5mg。

3. 氢氧化钾-乙醇标准溶液的标定

称取在（103±2）℃干燥箱内干燥至恒重的邻苯二甲酸氢钾基准试剂0.0800～0.1000g，用50mL新制备的二级水溶解，加入2滴酚酞-乙醇溶液，用配制好的氢氧化钾-乙醇标准溶液滴定至溶液呈粉红色（持续5s不褪色），同时做空白试验。氢氧化钾-乙醇标准溶液浓度按式（3-4）计算：

$$c(\mathrm{KOH}) = \frac{m \times 100}{M(V_1 - V_0)} \tag{3-4}$$

式中　$c(\mathrm{KOH})$——氢氧化钾-乙醇标准溶液浓度，mol/L；

　　　　m——邻苯二甲酸氢钾质量，g；

　　　　M——邻苯二甲酸氢钾摩尔质量，g/moL；

　　　　V_1——滴定邻苯二甲酸氢钾用氢氧化钾-乙醇标准溶液的体积，mL；

　　　　V_0——滴定空白试验用氢氧化钾-乙醇标准溶液的体积，mL。

4. 滴定

用 100mL 乙醚–乙醇混合溶液分 5 次洗涤接收瓶,将浸出油全部转移至 200mL 锥形瓶中,加入酚酞指示剂 2~3 滴,用已知浓度的标准碱液滴定至溶液呈粉红色（持续 15s 不褪色）,记录所用标准碱液的体积。

五、实验结果与分析

试样中游离脂肪酸含量以质量分数表示,按式（3-5）计算:

$$X = \frac{V \times c \times 282}{1000(m_1 - m_0)} \times 100\% \tag{3-5}$$

式中　　X——试样中游离脂肪酸含量（以油酸计）,%;

　　　　V——标准碱液的体积,mL;

　　　　c——标准碱液的浓度,mol/L;

　　　　282——油酸的摩尔质量,g/mol;

　　　　m_1——接收瓶和浸出油质量,g;

　　　　m_0——接收瓶质量,g。

测定结果取两次测定的算术平均值,保留到小数点后 1 位。

六、思考题

1. 举例说明发酵食品原料或成品中,游离脂肪酸含量测定的意义。
2. 碱滴定法测定食品中游离脂肪酸的操作要点有哪些?
3. 该方法有哪些优势及局限性?

实验五　发酵食品中脂肪酸含量的测定

目前,发酵食品中脂肪酸组分的测定最常用的方法是气相色谱法,所用方法参照 GB 5009. 168—2016《食品安全国家标准　食品中脂肪酸的测定》。

待测样品前处理,因样品类型和其中游离脂肪酸含量的多少而采用不同的方法。通常,水解–提取法适用于食品中脂肪酸含量的测定;酯交换法适用于游离脂肪酸含量不大于 2% 的油脂样品的脂肪酸含量测定;乙酰氯–甲醇法适用于含水量小于 5% 的乳粉和无水奶油样品的脂肪酸含量测定。乳制品采用碱水解法;乳酪采用酸碱水解法;动植物油脂试样不经脂肪提取,直接进行皂化和脂肪酸甲酯化。

气相色谱测定可采用内标法或外标法,本实验以外标法为例进行说明。

一、实验目的

掌握气相色谱法测定食品中脂肪酸的原理和方法;理解并掌握不同类型试样的前处理原理及方法。

二、实验原理

样品中的脂肪酸经过适当的前处理（甲酯化）后，进行气相分析。进样，样品在汽化室被汽化，在一定的温度和压力下，汽化的样品随载气通过色谱柱，由于样品中组分与固定相间相互作用的强弱不同而被逐一分离，分离后的组分到达检测器时经检测口的相应处理（如氢火焰离子检测器的火焰离子化），产生可检测的信号。根据色谱峰的保留时间定性，根据峰面积计算不同脂肪酸含量。

不同类型样品适用的前处理原理如下。

（1）水解–提取法　试样经水解–乙醚溶液提取其中的脂肪后，在碱性条件下皂化和甲酯化，生成脂肪酸甲酯，经毛细管柱气相色谱分析，外标法定量测定脂肪酸甲酯含量。

动植物油脂试样不经脂肪提取，直接进行皂化和脂肪酸甲酯化。

（2）酯交换法（适用于游离脂肪酸含量不大于2%的油脂）　将油脂溶解在异辛烷中，加入氢氧化钾甲醇溶液，通过酯交换甲酯化，反应完全后，用硫酸氢钠中和剩余氢氧化钾，以避免甲酯皂化，外标法定量测定脂肪酸的含量。

（3）乙酰氯–甲醇法（适用于含水量小于5%的乳粉和无水奶油试样）　乙酰氯与甲醇反应得到的盐酸–甲醇使其中的脂肪和游离脂肪酸甲酯化，用甲苯提取后，经气相色谱仪分离检测，外标法定量。

三、实验试剂与仪器

1. 试剂

（1）氨水。

（2）焦性没食子酸。

（3）95%乙醇。

（4）15%三氟化硼甲醇溶液。

（5）甲苯　色谱纯。

（6）异辛烷　色谱纯。

（7）硫酸氢钠。

（8）2mol/L氢氧化钾甲醇溶液　将13.1g氢氧化钾溶于100mL无水甲醇中，可轻微加热，加入无水硫酸钠干燥，过滤，即得澄清溶液。有效期3个月。

（9）8.3mol/L盐酸溶液　量取250mL盐酸，用110mL水稀释，混匀，室温下可放置2个月。

（10）乙醚–石油醚混合液（1+1）　取等体积的乙醚和石油醚，混匀备用。

（11）20g/L氢氧化钠甲醇溶液　取2g氢氧化钠溶解在100mL甲醇中，混匀。

（12）饱和氯化钠溶液　称取360g氯化钠溶解于1.0L水中，搅拌溶解，澄清备用。

（13）体积分数为10%的乙酰氯甲醇溶液　量取40mL甲醇于100mL干燥的烧杯中，准确吸取5.0mL乙酰氯逐滴缓慢加入，不断搅拌，冷却至室温后转移并定容至50mL干燥的容量瓶中。临用前配制。

注意：乙酰氯为刺激性试剂，配制时应不断搅拌防止喷溅，注意防护。

（14）60g/L 碳酸钠溶液　称取 6g 无水碳酸钠于 100mL 烧杯中，加水溶解，转移并用水定容至 100mL 容量瓶中。

（15）混合脂肪酸甲酯标准溶液　取适量脂肪酸甲酯混合物移至 10mL 容量瓶中，用正庚烷稀释定容，贮存于 -10℃ 以下冰箱，有效期 3 个月。

（16）单个脂肪酸甲酯标准溶液　将单个脂肪酸甲酯分别从安瓿瓶中取出转移到 10mL 容量瓶中，用正庚烷稀释定容，分别得到不同脂肪酸甲酯的单标溶液，贮存于 -10℃ 以下冰箱，有效期 3 个月。

（17）5.00mg/mL 脂肪酸甘油三酯标准品　准确称取 2.5g 十一碳酸甘油三酯至烧杯中，加入甲醇溶解，移入 500mL 容量瓶后用甲醇定容，在冰箱中冷藏可保存 1 个月。

2. 主要仪器

（1）实验室用组织粉碎机或研磨机。

（2）气相色谱仪　具有氢火焰离子检测器（FID）、毛细管色谱柱（聚二氰丙基硅氧烷强极性固定相，柱长 100m，内径 0.25mm，膜厚 0.2μm）。

（3）恒温水浴　控温范围 40~100℃，控温±1℃。

（4）分析天平。

（5）旋转蒸发仪。

（6）涡旋仪。

（7）离心机　转速≥5000r/min。

四、实验步骤

1. 试样的制备

在采样和制备过程中，应避免试样污染。固体或半固体试样使用组织粉碎机或研磨机粉碎，液体试样用匀浆机打成匀浆，于 -18℃ 以下冷冻保存，分析用时将其解冻后使用。

2. 试样前处理

（1）水解-提取法

①试样的称取：称取均匀试样 0.1~10g（含脂肪 100~200mg）移入到 250mL 平底烧瓶中，加入约 100mg 焦性没食子酸，加入几粒沸石，再加入 2mL 95% 乙醇，混匀。

根据试样的类别选取相应的水解方法。乳制品采用碱水解法；乳酪采用酸碱水解法；动植物油脂不用水解，直接进行皂化和脂肪酸甲酯化。

②试样的水解：

酸水解法。食品（除乳制品和乳酪）加入盐酸溶液 10mL，混匀。放入烧瓶，于 70~80℃ 水浴中水解 40min。每隔 10min 振荡烧瓶，使黏附在烧瓶壁上的颗粒物混入溶液中。水解完成后，取出烧瓶冷却至室温。

碱水解法。乳制品（乳粉及液态乳等试样）加入氨水 5mL，混匀。将烧瓶放入 70~80℃ 水浴中水解 20min。每 5min 振荡烧瓶，使黏附在烧瓶壁上的颗粒物混入溶液中。水解完成后，取出烧瓶冷却至室温。

酸碱水解法。乳酪加入氨水 5mL，混匀。将烧瓶放入 70~80℃ 水浴中水解 20min。每隔 10min 振荡烧瓶，使黏附在烧瓶壁上的颗粒物混入溶液中。接着加入盐酸 10mL，继续水解 20min，每 10min 振荡烧瓶，使黏附在烧瓶壁上的颗粒物混入溶液中。水解完成后，取出烧瓶冷却至室温。

③脂肪提取：水解后的试样，加入 10mL 95%乙醇，混匀。将烧瓶中的水解液转移到分液漏斗中，用 50mL 乙醚-石油醚混合液冲洗烧瓶和塞子，冲洗液并入分液漏斗中，加盖。振摇 5min，静置 10min。将醚层提取液收集到 250mL 烧瓶中。按照以上步骤重复提取水解液 3 次，最后用乙醚-石油醚混合液冲洗分液漏斗，并收集到 250mL 烧瓶中。用旋转蒸发仪浓缩至干，残留物为脂肪提取物。

④脂肪的皂化和脂肪酸的甲酯化：在脂肪提取物中加入 20g/L 氢氧化钠甲醇溶液 8mL，连接回流冷凝器，（80±1）℃水浴上回流，直至油滴消失。从回流冷凝器上端加入 7mL 15%三氟化硼甲醇溶液，在（80±1）℃水浴中继续回流 2min。用少量水冲洗回流冷凝器。停止加热，从水浴上取下烧瓶，迅速冷却至室温。

准确加入 10~30mL 正庚烷，振摇 2min，再加入饱和氯化钠水溶液，静置分层。吸取上层正庚烷提取溶液大约 5mL，至 25mL 试管中，加入 3~5g 无水硫酸钠，振摇 1min，静置 5min，吸取上层溶液到进样瓶中待测定。

（2）乙酰氯-甲醇法

①试样称取：准确称取乳粉试样 0.5g 或无水奶油试样 0.2g 于 15mL 干燥螺口玻璃管中，加入 5.0mL 甲苯。

②试样测定液制备：向试样中加入 10%乙酰氯甲醇溶液 6mL 充氮气后，旋紧螺旋盖。振荡混合后于（80±1）℃水浴中放置 2h，期间每隔 20min 取出振摇 1 次，水浴后取出冷却至室温。将反应后的样液转移至 50mL 离心管中，分别用 3mL 碳酸钠溶液清洗玻璃管 3 次，合并碳酸钠溶液于 50mL 离心管中，混匀。5000r/min 离心 5min。取上清液作为试液，气相色谱仪测定。

（3）酯交换法

①试样称取：称取试样 60.0mg（精确至 0.1mg）至具塞试管中。

②甲酯制备：加入 4mL 异辛烷溶解试样，试样溶解后（必要时可以微热）加入 200mL 氢氧化钾甲醇溶液，盖上玻璃塞猛烈振摇 30s 后静置至澄清。加入约 1g 硫酸氢钠，猛烈振摇，中和氢氧化钾。待盐沉淀后，将上层溶液移至上机瓶中，待测。

3. 标准测定液的制备

准确吸取脂肪酸甘油三酯标准工作液 0.5mL，按相应步骤进行甲酯化处理。

4. 气相色谱测定

色谱参考条件如下。

（1）毛细管色谱柱　聚二氰丙基硅氧烷强极性固定相，柱长 100m，内径 0.25mm，膜厚 0.2μm。

（2）进样器温度　270℃。

（3）检测器温度　280℃。

（4）程序升温　初始温度 100℃，保持 13min；100~180℃，升温速率 10℃/min，保持 6min；180~200℃，升温速率 1℃/min，保持 20min；200~230℃，升温速率 4℃/min，保持 10.5min。

（5）载气　氮气。

（6）分流比　100:1。

（7）进样体积　1.0μL。

（8）检测条件应满足理论塔板数（n）至少2000个/m，分离度（R）至少1.25。

在上述色谱条件下将单个脂肪酸甲酯标准溶液、脂肪酸甲酯混合标准溶液、试样测定液分别注入气相色谱仪，对色谱峰进行定性，以色谱峰峰面积定量。

五、实验结果与分析

1. 试样中各脂肪酸含量

以色谱峰峰面积定量。试样中各脂肪酸含量按式（3-6）计算：

$$X_i = \frac{A_i \times m_{si} \times F_{TGi-FAi}}{A_{si} \times m} \times 100\% \tag{3-6}$$

式中　X_i——试样中各脂肪酸的含量，%；

A_i——试样测定液中各脂肪酸甲酯的峰面积；

m_{si}——在标准测定液的制备中吸取的脂肪酸甘油三酯标准工作液中所含有的标准品的质量，mg；

$F_{TGi-FAi}$——各脂肪酸甘油三酯转化为脂肪酸的换算系数；

A_{si}——标准测定液中各脂肪酸的峰面积；

m——试样的称样质量，mg；

2. 试样中总脂肪酸含量

试样中总脂肪酸的含量按式（3-7）计算：

$$X_{TotalFA} = \sum X_i \tag{3-7}$$

式中　$X_{TotalFA}$——试样中总脂肪酸的含量，%；

X_i——试样中各脂肪酸的含量，%。

结果保留3位有效数字。

六、注意事项

（1）载气、助燃气，不含有机杂质，完全干燥且纯度达到99.999%。

（2）氢气流量：氧气流量=1：10。

（3）气相色谱仪跑完程序后，先用仪器面板调节进样器和检测器温度到100℃，降温后再关闭程序。

七、思考题

1. 气相色谱法测定食品中游离脂肪酸的操作要点有哪些？

2. 不同类型样品，其前处理方法有何不同？

3. 本实验采用外标法进行测定，如果采用内标法，操作过程中，哪些关键步骤要进行相应调整？

4. 该方法有哪些优势及局限性？

发酵食品中风味物质的检测

风味物质是指能够改善口感、赋予食品特征风味的化合物，其种类和含量决定了发酵食品的风味。因此，风味物质的测定对于发酵食品的品质衡量、工艺改进、生产监督都具有重要的意义。

发酵食品中常见的风味物质有酯类、醇类、有机酸、酚类和醛类等。不同风味物质的测定方法各异，如酸碱滴定、高效液相色谱、气相色谱等。本章主要分述发酵食品中总酸、挥发酸、非挥发酸、有机酸、挥发性香气成分、杂醇油和总酯的测定方法。

实验一　发酵食品中总酸、挥发酸、非挥发酸含量的测定

发酵食品中常见的酸类物质有柠檬酸、苹果酸、酒石酸、草酸、琥珀酸、乳酸、乙酸等，这些酸类物质根据其挥发特性，分为挥发酸和非挥发酸。常见的挥发酸有甲酸、乙酸、丙酸等，而乳酸、琥珀酸等都是不易挥发的有机酸。有些有机酸是发酵食品原料中固有的，如水果蔬菜及其制品中的苹果酸、柠檬酸等；有些则是在发酵食品生产过程中微生物代谢产生的，如酸乳中的乳酸、食醋中的乙酸等。

发酵食品中有机酸不仅能促进酵母菌繁殖与抑制腐败菌生长，还可以赋予发酵食品特殊的香气和色泽，同时有机酸也是鉴定食品腐败变质重要的化学指标。因此，测定发酵食品中的总酸、挥发酸、非挥发酸含量对评价发酵食品品质具有重要的意义。

一、实验目的

熟悉碱滴定法测定总酸的原理及操作要点；掌握非挥发酸测定方法和操作技能。

二、实验原理

发酵食品中含有多种有机酸，如乳酸、乙酸、柠檬酸等，由于有机酸是弱酸，只有部分氢离子解离出来，用酸度计测量不能直接反应发酵食品中酸度值，因此需要用氢氧化钠标准溶液滴定，这样可以将有机酸中的氢离子完全释放出来，以酸度计测定 pH 8.2

为终点，结果以乙酸表示。

发酵食品中有机酸分为挥发酸和非挥发酸，在测定非挥发酸时，样品需要经蒸馏排除挥发酸，然后用氢氧化钠标准溶液滴定，以酸度计测定，pH 8.2 为终点，结果以乳酸表示。

三、实验试剂与仪器

1. 试剂

（1）0.05mol/L 氢氧化钠标准滴定溶液　称取 110g 氢氧化钠，溶于 100mL 无二氧化碳的水中，摇匀，注入聚乙烯容器中，密闭放至溶液清亮，然后用塑料管量取 27mL 上述溶液，用无二氧化碳的水稀释至 1L，摇匀。

（2）10g/L 酚酞指示液　称取 1g 酚酞，溶于 100mL 95% 乙醇中。

2. 主要仪器

（1）酸度计。

（2）单沸式蒸馏装置。

四、实验步骤

1. 总酸的测定

吸取 10.0mL 试样置于 100mL 容量瓶中，加水至刻度，混匀。吸取 20.0mL 样品置于 200mL 烧杯中，加 60mL 水，开动磁力搅拌器，用 0.05mol/L 氢氧化钠标准溶液滴定至酸度计指示 pH 8.2，记下消耗氢氧化钠标准溶液的体积，同时做试剂空白试验。

2. 非挥发酸的测定

（1）将样品摇匀后，准确吸取 2.0mL 移入单沸式蒸馏装置的蒸馏管中，加入 8mL 水摇匀，将蒸馏管插入装有适量水（其液面应高于蒸馏液液面而低于排气口）的蒸馏瓶中，连接蒸馏器和冷凝器，并将冷凝管下端的导管浸入盛有 10mL 水的锥形瓶的液面下。

（2）打开排气口，加热至烧瓶中的水沸腾 2min 后，关闭排气口进行蒸馏。在蒸馏过程中，如蒸馏管内产生大量泡沫影响测定时，可重新取样，加一滴精制植物油或少量单宁再蒸馏。待馏出液至 180mL 时，打开排气口，关闭电源（以防蒸馏瓶内真空）。将残余液倒入 200mL 烧杯中，用水反复冲洗蒸馏管及管上的进气孔，洗液并入烧杯，再补加水至烧杯中溶液总量约为 120mL。

（3）将盛有 120mL 残留液的烧杯置于酸度计的托盘上，开动磁力搅拌器，用 0.05mol/L 氢氧化钠标准滴定溶液滴至 pH 8.2，记录消耗的体积（V）。同时做空白试验。

五、实验结果与分析

1. 样品中总酸的含量（以乙酸计）

按式（4-1）计算：

$$X = \frac{(V_1 - V_2) \times c \times 0.060}{V \times 10/100} \times 100 \tag{4-1}$$

式中　X——样品中总酸的含量（以乙酸计），g/100mL；

V_1——滴定样品时消耗 0.05mol/L 氢氧化钠标准滴定溶液的体积，mL；

V_2——空白试验消耗 0.05mol/L 氢氧化钠标准滴定溶液的体积，mL；

c——氢氧化钠标准滴定溶液的浓度，mol/L；

V——样品的体积，mL；

0.060——1.00mL 1.0mol/L 氢氧化钠标准滴定溶液相当于乙酸的质量，g。

允许误差：在重复条件下获得的 2 次独立测定结果的绝对值不得超过算术平均值的 10%。

2. 样品中非挥发酸的含量（以乳酸计）

按式（4-2）计算：

$$X = \frac{(V - V_0) \times c \times 0.090}{2} \times 100 \tag{4-2}$$

式中 X——样品中非挥发酸的含量（以乳酸计），g/100mL；

V——滴定样品时消耗 0.05mol/L 氢氧化钠标准滴定溶液的体积，mL；

V_0——空白试验消耗 0.05mol/L 氢氧化钠标准滴定溶液的体积，mL；

c——氢氧化钠标准滴定溶液的浓度，mol/L；

V——样品的体积，mL；

0.090——1.00mL 1.0mol/L 氢氧化钠标准滴定溶液相当于乳酸的质量，g。

允许误差：同一样品平行试验的测定差不得超过 0.04g/100mL。

3. 挥发酸的测定

样品中挥发酸的含量：

$$X_{挥发酸含量} = X_{总酸含量} - X_{非挥发酸含量} \tag{4-3}$$

六、思考题

1. 挥发酸的检测原理是什么？
2. 测定总酸、非挥发酸时，注意事项有哪些？
3. 氢氧化钠滴定法和 pH 计测定发酵食品中总酸原理以及两种方法的区别是什么？

实验二　发酵食品中有机酸种类及含量的测定

有机酸是发酵食品中重要的组成成分，测定发酵食品中有机酸的方法包括硅胶色谱法、纸色谱法、薄层层析法（TLC）、离子色谱法、气固或气液色谱法（GSC 或 GLC）以及高效液相色谱法（HPLC）等。硅胶色谱法制备柱子要求高、操作复杂。纸色谱法及薄层层析法（TLC）只是定性和半定量分析，且需要冗长的富集、浓缩、皂化等许多预处理步骤，操作十分复杂，故实际应用不多。目前高效液相色谱法是测定发酵食品中有机酸含量最精确和直接的方法。

一、实验目的

掌握利用高效液相色谱测定食品中有机酸的原理；掌握高效液相色谱测定有机酸的使用方法和操作技能。

二、实验原理

食品试样经匀浆提取、离心后，样液经 0.3μm 滤膜抽滤，以 pH 2.7 的（NH₄）₂HPO₄-H₃PO₄ 缓冲液为流动相，用高效液相色谱法在 C_{18} 色谱柱上分离，于 210nm 处经紫外检测器检测，用峰高或峰面积标准曲线测定有机酸的含量。

三、实验试剂与仪器

1. 试剂（所用水为重蒸水）

（1）本方法中所使用试剂均为分析纯，试验用水为重蒸水或同等纯度的水，经 0.45μm 滤膜真空抽滤。

（2）80%乙醇　用量筒量取 800mL 的无水乙醇加入到容量瓶中，然后用蒸馏水定容至 1L，摇匀，备用。

（3）1mol/L 磷酸氢二铵溶液　准确称取磷酸氢二铵 132.0g，用蒸馏水溶解后，加入到容量瓶中，然后用蒸馏水定容至 1L，摇匀，经 0.45μm 滤膜真空抽滤，备用。

（4）1mol/L 磷酸　准确称取磷酸 98.0g，用蒸馏水溶解后，加入到容量瓶中，然后用蒸馏水定容至 1L，摇匀，经 0.45μm 滤膜真空抽滤，备用。

（5）有机酸标准溶液　称取乳酸、乙酸、酒石酸、苹果酸、柠檬酸各 0.5000g，丁二酸 0.1000g，用超滤水溶解后定容至 50mL。酒石酸、苹果酸、柠檬酸的质量浓度分别为 10.0mg/mL，丁二酸的质量浓度为 2.0mg/mL，此液为标准储备液。

（6）有机酸标准使用液　取 5.00mL 标准储备液于 50mL 容量瓶中用超滤水稀释到刻度，乳酸、乙酸、酒石酸、苹果酸、柠檬酸的质量浓度分别为 1.0mg/mL，丁二酸为 0.2mg/mL。

2. 主要仪器

（1）组织捣碎机。

（2）恒温水浴箱。

（3）高效液相色谱仪，配备紫外可见检测器。

（4）酸度计。

（5）针头过滤器，0.3μm 合成纤维树脂滤膜。

四、实验步骤

1. 试样处理

（1）固体试样　称取 50g 试样于组织捣碎器中，加入 100mL 80%乙醇，匀浆 1min，取一定量匀浆（相当于 5g 试样）以 3000r/min 离心 10min 分出上清液，转入 50mL 容量瓶中，残渣再用 80%乙醇洗涤两次，每次取 80%乙醇 15mL，离心 10min，合并上清液，加 80%乙醇至刻度，混匀，此液为提取液。取 5mL 提取液于蒸发皿中，在 70℃恒温水浴上蒸去乙醇，残留物用蒸馏水定量转入 10mL 具塞比色管内，加 1mol/L 磷酸 0.2mL，用蒸馏水定容到 10mL，混匀。取部分样液经内袋 0.3μm 滤膜的针头过滤器过滤，滤液供高效液相色谱分析用。

（2）液体试样　准确吸取 5.00mL 试样（若试样中含有二氧化碳应先加热去除；若

试样中含有人工合成色素应先加入聚酰胺粉于 70℃ 水浴中加热脱色，样液在 3000r/min 下离心 10min，再取上清液），加入 1mol/L 的磷酸溶液 0.2mL，用蒸馏水稀释至 10mL，经 0.3μm 滤膜过滤，滤液供分析用。

2. 测定

（1）色谱条件

预柱：C_{18} 柱，4.6mm×30mm×10μm；

分析柱：C_{18} 柱，4.6mm×250mm×5μm；

流动相：0.01mol/L 磷酸氢二铵溶液，用 1mol/L 磷酸调至 pH 2.7，临用前用超声波脱气；

流速：1mL/min；

进样量：20μL；

紫外检测器波长：210nm。

（2）标准曲线的绘制　取标准使用液 0.5mL、1.0mL、2.0mL、5.0mL、10.0mL，各加入 1mol/L 的磷酸溶液 0.2mL，用超滤水稀释至 10mL，混匀，进样 20μL，于 210nm 处测量峰高或峰面积，每个含量重复进样 2~3 次，取平均值。以有机酸的含量为横坐标，色谱峰高或峰面积的均值为纵坐标，绘制标准曲线或经过线性回归得出回归方程。

（3）试样测定　在与绘制标准曲线相同的色谱条件下，取 20μL 试样注入色谱仪，根据标准曲线或线性回归方程，求出样液中有机酸的含量。

五、实验结果与分析

试样中有机酸的含量按式（4-4）、式（4-5）计算。

固体试样：

$$X = \frac{\rho \times V_1 \times V}{m \times V_2} \tag{4-4}$$

液体试样：

$$X = \frac{\rho \times V_1}{V} \tag{4-5}$$

式中　X——试样中有机酸的含量，mg/kg 或 mg/L；

ρ——由标准曲线或线性回归方程求得样液中某有机酸的含量，μg/mL；

V_1——试样最后定容体积，mL；

V——固体试样为提取液的总体积，液体试样为用于分析的试样体积，mL；

V_2——分析用试样提取液的体积，mL；

m——试样的质量，g。

允许误差：在重复条件下获得的 2 次独立测定结果的绝对值，不应超过算术平均值的 5%。

六、思考题

1. 高效液相色谱检测有机酸的原理是什么？
2. 高效液相色谱检测的注意事项有哪些？

3. 利用高效液相色谱检测发酵食品中有机酸时，色谱图如果出现杂峰，其原因可能有哪些？解决措施有哪些？

实验三　发酵食品中挥发性香气成分种类及相对含量的测定

挥发性香气成分广泛存在于发酵食品中，如白酒、醋、酱油等，是评价发酵食品品质的重要指标。挥发性香气成分根据化学性质分为酯类、醇类、醛类、酮类、烷烃类、酸类等，目前主要通过气相色谱法来检测分析这些挥发性物质。气相色谱法是指用气体作为流动相的色谱法，由于样品在气相中传递速度快，因此样品组分在流动相和固定相之间可以瞬间达到平衡。另外，加上可选作固定相的物质很多，因此气相色谱法是一个分析速度快和分离效率高的分离分析方法。采用高灵敏选择性检测器，使得它具有分析灵敏度高、应用范围广等优点。

一、实验目的

学习气相色谱法检测发酵食品中常见挥发性香气成分的实验原理，掌握相应的实验技术。

二、实验原理

样品被汽化后，随同载气进入色谱柱，利用被测定的各组分在气液两相中具有不同的分配系数，在柱内形成迁移速度的差异而得到分离。分离后的组分先后流出色谱柱，进入氢火焰离子化检测器，根据色谱图上各组分峰的保留值与标样相对照进行定性，利用峰面积或峰高，以内标法定量。

三、实验试剂与仪器

1. 试剂

（1）60%乙醇溶液　用乙醇（色谱纯）加水配制，用 $0.45\mu m$ 滤膜真空抽滤。

（2）2%（体积分数，下同）乙酸乙酯、2%己酸乙酯、2%丁酸乙酯、2%乳酸乙酯、2%正丙醇、2%β-苯乙醇溶液　作标样用，分别吸取色谱纯的乙酸乙酯、己酸乙酯、丁酸乙酯、乳酸乙酯、正丙醇、β-苯乙醇溶液 2mL，用60%乙醇溶液定容至 100mL。

（3）2%乙酸正戊酯溶液　使用毛细管柱时作内标用，吸取乙酸正戊酯（色谱纯）2mL，用60%乙醇溶液定容至 100mL。

（4）2%乙酸正丁酯溶液　使用填充柱时作内标用，吸取乙酸正丁酯（色谱纯）2mL，用60%乙醇溶液定容至 100mL。

2. 主要仪器

（1）气相色谱仪，备有氢火焰离子化检测器。

（2）色谱柱　①毛细管柱：LZP-930（柱长 18m，内径 0.53mm）或其他具有同等分析效果的毛细管色谱柱；②填充柱：柱长不短于 2m，载体为 Chromosorb W（AW）或白色担体 102（酸洗，硅烷化），80~100 目。固定液为 20% DNP（邻苯二甲酸二壬酯）加 7% 吐温 80，或 10% PEG（聚乙二醇）1500 或 PEG 20M。

（3）微量注射器　10μL、1μL。

（4）萃取针　50/30μm。

四、实验步骤

1. 样品前处理

吸取发酵食品样液 10.0mL 于 100mL 容量瓶中，加入内标溶液（2% 乙酸正戊酯溶液或乙酸正丁酯溶液）0.10mL，混匀后进样。

2. 色谱参考条件

毛细管柱；

载气（高纯氮）：流速 0.5~1.0mL/min，分流比约为 37∶1，尾吹 20~30mL/min；

氢气：流速为 40mL/min；

空气：流速为 400mL/min；

检测器温度（T_D）：150℃；

进样器温度（T_J）：150℃；

柱温（T_C）：90℃，等温。

载气、氢气、空气的流速等色谱条件随仪器而异，应通过试验选择最佳操作条件，以内标峰与样品中其他组分峰获得完全分离为准。

3. 校正因子（f）的测定

分别吸取 2% 乙酸乙酯、己酸乙酯、丁酸乙酯、乳酸乙酯、正丙醇、β-苯乙醇溶液 1.00mL，移入 100mL 容量瓶中，加入内标溶液（2% 乙酸正戊酯溶液或乙酸正丁酯溶液）1.00mL，用 60% 乙醇溶液稀释至刻度。上述标准溶液和内标溶液的含量均为 0.02%（体积分数）。待色谱仪基线稳定后，用微量注射器进样，进样量随仪器的灵敏度而定，记录乙酸乙酯和内标峰的保留时间及峰面积或峰高，用其比值计算出乙酸乙酯、己酸乙酯、正丙醇等挥发性香气成分的相对校正因子。

校正因子按式（4-6）计算：

$$f = \frac{A_1}{A_2} \times \frac{d_2}{d_1} \tag{4-6}$$

式中　f——乙酸乙酯的相对校正因子；

　　A_1——标样 f 值测定时内标的峰面积或峰高；

　　A_2——标样 f 值测定时乙酸乙酯的峰面积或峰高；

　　d_1——内标物的相对密度；

　　d_2——乙酸乙酯的相对密度。

4. 样品测定

根据保留时间确定乙酸乙酯、己酸乙酯、正丙醇等挥发性香气成分峰的位置，并测定乙酸乙酯、己酸乙酯、正丙醇等挥发性香气成分与内标峰面积或峰高，求出峰面积或峰高之比，计算出样品中挥发性香气成分的含量。

五、实验结果与分析

样品中乙酸乙酯、己酸乙酯、正丙醇等挥发性香气成分含量按式（4-7）计算：

$$\rho_1 = f \times \frac{A_3}{A_4} \times \rho_0 \times 0.001 \tag{4-7}$$

式中　ρ_1——样品中乙酸乙酯/己酸乙酯/正丙醇的含量，g/L；

　　　f——挥发性香气成分的相对校正因子；

　　　A_3——样品中挥发性香气成分的峰面积或峰高；

　　　A_4——添加于样品中内标的峰面积或峰高；

　　　ρ_0——内标物的含量，mg/L。

允许误差：在重复条件下获得的 2 次独立测定结果的绝对值，不应超过算术平均值的 5%。

六、思考题

1. 气相色谱检测乙酸乙酯、己酸乙酯、乳酸乙酯等挥发性香气成分的原理是什么？操作过程中注意事项有哪些？

2. 在进行气相色谱分析时需要设置合适的分析条件。假如条件设置不合适如柱温过高会对结果产生什么影响？

实验四　白酒、黄酒和果酒中杂醇油含量的测定

杂醇油是工业发酵生产酒精、白酒等的副产品，是指除甲醇、乙醇以外的高级醇类，包括正丙醇、异丙醇、正丁醇、异丁醇、正戊醇、仲戊醇、己醇、庚醇等，它的产生主要由酿造微生物代谢氨基酸产生。杂醇油在人体内分解代谢极慢，因此饮用杂醇油含量较高的酒后，可能第二天都还会头痛，俗称"上头"。目前测定杂醇油的方法主要有分光光度法、气相色谱法和毛细管柱气相色谱法。其中气相色谱法具有分析速度快、进样量少、结果准确等优点，在发酵食品以及工业产品的应用较广泛。

一、实验目的

学习气相色谱法检测白酒、黄酒和果酒中杂醇油含量的实验原理，掌握相应的实验技术。

二、实验原理

杂醇油或称高级醇是指碳原子数超过 2 的脂肪醇的混合物。高级醇是酵母菌酒精发酵的正常副产物，主要由正丙醇、异丁醇（2-甲基-1-丙醇）、活性戊醇（2-甲基-1-丁醇）和异戊醇（3-甲基-1-丁醇）组成。

气相色谱法是检测各种酒类中杂醇油含量的主要方法之一，它利用不同醇类在氢火

焰中的化学电离进行检测，根据峰高与标准品比较而进行定量。

其中正丁醇和正丙醇的检出限为 0.2ng，异戊醇和正戊醇的检出限为 0.15ng，仲丁醇和异丁醇的检出限为 0.22ng。

三、实验试剂与仪器

1. 试剂

（1）载体　GDX-102（60~80 目），气相色谱用。

（2）标准品　正丁醇、正丙醇、异戊醇、仲丁醇、异丁醇、正戊醇，均为色谱纯。

（3）无杂醇油的乙醇（色谱纯）。

（4）标准溶液的配制　分别准确称取正丁醇、正丙醇、异戊醇、仲丁醇、异丁醇、正戊醇各 600mg，以少量水洗入 100mL 容量瓶中，并加水稀释至刻度，置 4℃冰箱保存。

（5）标准使用液的配制　吸取 10.0mL 标准溶液于 100mL 容量瓶中，加入一定量的无杂醇油乙醇定容后，控制乙醇含量在 60%，并加水稀释至刻度。此溶液贮于 4℃冰箱备用。

2. 主要仪器

（1）气相色谱仪，备有氢火焰离子化检测器。

（2）微量注射器　50μL、1μL。

四、实验步骤

1. 试样处理

准确吸取 5.0mL 试样，经 0.3μm 滤膜过滤，滤液供分析用。

2. 色谱参考条件

毛细管柱：长 2m，内径 4mm，玻璃或不锈钢柱；

固定相：GDX-102，60~80 目；

汽化室温度：190℃；

检测器温度：190℃；

柱温：170℃；

载气（高纯氮）：流速为 40mL/min；

氢气：流速为 40mL/min；

空气：流速为 450mL/min；

进样量：0.50μL。

3. 定性测定

以各组分保留时间定性。吸取标准使用液和样液各 0.50μL，分别测得保留时间，试样与标准曲线峰时间对照而定性。

4. 定量测定

进 0.50μL 标准使用液，制得色谱图，分别量取各组分峰高。进 0.50μL 试样，制得色谱图，分别量取各组分峰高，与标准峰高比较计算。

五、实验结果与分析

杂醇油以异丁醇、异戊醇总量按式（4-8）计算：

$$X = \frac{h_1 \times A \times V_1}{h_2 \times V_2 \times 1000} \times 100 \tag{4-8}$$

式中　X——试样中某组分的含量，g/100mL；

　　　A——进样标准中某组分的含量，mg/mL；

　　　h_1——试样中某组分的峰高，mm；

　　　h_2——标准样中某组分的峰高，mm；

　　　V_2——试样液进样量，μL；

　　　V_1——标准液进样量，μL。

允许误差：在重复条件下获得的 2 次独立测定结果的绝对值，不应超过算术平均值的 20%，计算结果保留 2 位有效数字。

六、思考题

1. 气相色谱检测白酒、黄酒和果酒中杂醇油含量的原理是什么？操作过程中注意事项有哪些？

2. 加蔗糖的白酒怎样才能准确测定杂醇油含量？

3. 影响白酒中杂醇油测定准确性的因素有哪些？

实验五　白酒中总酯含量的测定（指示剂法）

白酒中总酯是指白酒产品中所有酯类芳香物的总和，也是形成白酒香气的具有特别重要作用的香味成分。不同香型的白酒中其各种酯类的量比关系各不相同，总酯含量的多少与酒的品质高低有关，若含量太低，则酒味较淡。白酒中总酯的含量主要利用酸碱滴定法来测定，根据滴定终点判断方式可以将总酯测定方法分为指示剂法和电位滴定法。

一、实验目的

掌握酸碱标准溶液的配制和浓度的滴定，掌握酚酞指示剂的使用和终点判断，理解并掌握白酒中总酯的测定方法。

二、实验原理

白酒中总酯为有机酸与醇类在酸性条件下经酯化作用而成，成分极为复杂，其中有乙酸乙酯、己酸乙酯、丁酸乙酯、乳酸乙酯等。用化学分析法测得的为总酯，常以乙酸乙酯计算。

用 0.1mol/L 氢氧化钠标准溶液中和白酒的游离酸，再加入一定量的 3.5mol/L 氢氧化钠标准溶液使酯皂化，过量的氢氧化钠溶液再用 0.1mol/L 硫酸标准滴定溶液进行反滴定，依据反应所消耗的标准硫酸溶液的体积，计算出总酯含量。

三、实验材料与仪器设备

1. 试剂

（1）0.1mol/L 氢氧化钠标准溶液　准确称量氢氧化钠 4.0g，用蒸馏水溶解后，加入到容量瓶中，然后用蒸馏水定容至 1000mL，摇匀，备用。

（2）3.5mol/L 氢氧化钠标准溶液　准确称量氢氧化钠 14.0g，用蒸馏水溶解后，加入到容量瓶中，然后用蒸馏水定容至 100mL，摇匀，备用。

（3）0.1mol/L 硫酸标准滴定溶液　取烧杯量取 100mL 蒸馏水，同时量取 5.4mL 98%浓硫酸缓慢倒入烧杯中，并不断搅拌。冷却后，将其转入 1000mL 的容量瓶中，加入蒸馏水定容至 1000mL。

（4）40%乙醇（无酯）溶液　量取 95%乙醇 600mL 于 1000mL 回流瓶中，加 3.5mol/L 氢氧化钠标准溶液 5mL，加热回流皂化 1h。然后移入蒸馏器中重蒸，再配成 40%乙醇溶液。

（5）10g/L 酚酞指示剂　称取 1.0g 酚酞，用 95%乙醇溶解，并稀释至 100mL。

2. 主要仪器

（1）全玻璃蒸馏器。

（2）全玻璃回流装置。

（3）酸式滴定管及配套装置。

（4）碱式滴定管及配套装置。

四、实验步骤

1. 试样制备

吸取酒样 50mL 于 250mL 锥形瓶中，加入酚酞指示剂 2 滴。

2. 中和游离酸

将 0.1mol/L 氢氧化钠标准溶液转入碱式滴定管中，调零，滴定酒样至浅粉色，半分钟不褪，记录消耗氢氧化钠标准溶液的体积。

3. 皂化反应

准确加入 3.5mol/L 氢氧化钠标准溶液 25mL（若样品总酯含量高时，可加入 50mL），摇匀，放入几颗沸石或玻璃珠，装上冷凝管（冷却水温度宜低于 15℃），于沸水浴上回流 30min，取下，冷却。

4. 酸滴定

用 0.1mol/L 硫酸标准滴定溶液进行滴定，使微红色刚好完全消失为其终点，记录消耗硫酸标准滴定溶液的体积。

5. 空白试验

吸取乙醇（无酯）溶液 50mL，按上述方法同样操作做空白试验，记录消耗硫酸标准滴定溶液的体积。

五、实验结果与分析

样品中总酯含量按式（4-9）计算：

$$\rho = \frac{c \times (V_0 - V_1) \times 88}{50} \tag{4-9}$$

式中 ρ——酒样中总酯的含量（以乙酸乙酯计），g/L；

　　c——硫酸标准滴定溶液的实际浓度，mol/L；

　　V_0——空白试验样品消耗硫酸标准滴定溶液的体积，mL；

　　V_1——样品消耗硫酸标准滴定溶液的体积，mL；

　　88——乙酸乙酯的摩尔质量，g/mol；

　　50——吸取样品的体积，mL。

所得结果保留 2 位小数。

六、思考题

1. 分析实验步骤中，每一步操作的目的是什么？步骤 2 和步骤 4 中，若过量滴定，会对实验结果有何影响？

2. 影响白酒中总酯含量测定准确性的因素有哪些？

实验六　白酒中总酯含量的测定（电位滴定法）

白酒中总酯是指白酒产品中所有酯类芳香物的总和，也是形成白酒香气的具有特别重要作用的香味成分。不同香型的白酒中其各种酯类的量比关系各不相同，总酯含量的多少与酒的品质高低有关，若含量太低，则酒味较淡。白酒中总酯的含量主要利用酸碱滴定法来测定，根据滴定终点判断方式可以将总酯测定方法分为指示剂法和电位滴定法。

一、实验目的

掌握酸碱标准溶液的配制和浓度的滴定；掌握酚酞指示剂的使用和终点判断；理解并掌握白酒中总酯的测定方法。

二、实验原理

白酒中总酯为有机酸与醇类在酸性条件下经酯化作用而成，用碱中和样品中的游离酸，再加入一定量的碱，回流皂化。用硫酸溶液进行中和滴定，当滴定接近等当点时，利用 pH 变化指示终点。

三、实验材料与仪器设备

1. 试剂

（1）0.1mol/L 氢氧化钠标准溶液　准确称量氢氧化钠 4.0g，用蒸馏水溶解后，加入到容量瓶中，然后用蒸馏水定容至 1000mL，摇匀，备用。

（2）3.5mol/L 氢氧化钠标准溶液　准确称量氢氧化钠 14.0g，用蒸馏水溶解后，加入到容量瓶中，然后用蒸馏水定容至 100mL，摇匀，备用。

（3）0.1mol/L 硫酸标准滴定溶液　取烧杯量取 100mL 蒸馏水，同时量取 5.4mL 98%浓硫酸缓慢倒入烧杯中，并不断搅拌。冷却后，将其转入 1000mL 的容量瓶中，加入蒸馏水定容至 1000mL。

（4）40%乙醇（无酯）溶液　量取 95%乙醇 600mL 于 1000mL 回流瓶中，加 3.5mol/L 氢氧化钠标准溶液 5mL，加热回流皂化 1h。然后移入蒸馏器中重蒸，再配成 40%乙醇溶液。

（5）10g/L 酚酞指示剂　称取 1.0g 酚酞，用 95%乙醇溶解，并稀释至 100mL。

2. 主要仪器

（1）电位滴定仪（或酸度计）　精度为 2mV。

（2）全玻璃蒸馏器。

（3）全玻璃回流装置。

（4）碱式滴定管及配套装置。

（5）酸式滴定管及配套装置。

四、实验步骤

1. 仪器矫正

按使用说明书安装调试电位滴定仪或酸度计，根据液温进行校正定位。

2. 皂化反应

吸取样品 50mL 于 250mL 回流瓶中，加 2 滴酚酞指示剂，以 0.1mol/L 氢氧化钠标准溶液滴定至粉红色（切勿过量），记录消耗氢氧化钠标准溶液的体积；准确加入 3.5mol/L 氢氧化钠标准溶液 25mL（若样品总酯含量高时，可加入 50mL），摇匀，放入几颗沸石或玻璃珠，装上冷凝管（冷却水温度宜低于 15℃），于沸水浴上回流 30min，取下，冷却。

3. 酸滴定

将样液移入 100mL 小烧杯中，用 10mL 水分次冲洗回流瓶，洗液并入小烧杯。插入电极，放入一枚转子，置于电磁搅拌器上，开始搅拌，初始阶段可快速滴加硫酸标准滴定溶液，当样液 pH 9.00 后，放慢滴定速度，每次滴加半滴溶液，直至 pH 8.70 为其终点，记录消耗硫酸标准滴定溶液的体积。

4. 空白试验

吸取乙醇（无酯）溶液 50mL，按上述方法同样操作做空白试验，记录消耗硫酸标准滴定溶液的体积。

五、实验结果与分析

样品中总酯含量按式（4-9）计算：

$$\rho = \frac{c \times (V_0 - V_1) \times 88}{50} \tag{4-9}$$

式中　ρ——酒样中总酯的含量（以乙酸乙酯计），g/L；

c——硫酸标准滴定溶液的实际浓度，mol/L；

V_0——空白试验样品消耗硫酸标准滴定溶液的体积，mL；

V_1——样品消耗硫酸标准滴定溶液的体积，mL；

88——乙酸乙酯的摩尔质量，g/mol；

50——吸取样品的体积，mL。

所得结果保留 2 位小数。

六、思考题

1. 实验步骤 2 中操作的主要目的是什么？没有该步骤会对实验结果有何影响？
2. 两种测定白酒中总酯含量方法即电位滴定法和指示剂法的优缺点有哪些？

发酵食品及原料中
功能性成分的检测

发酵食品不仅香醇味美，还具有丰富的营养价值，其中发酵食品中富含对人体有益的功能成分，给发酵食品带来更高的经济价值。发酵食品原料主要来源于大米、大豆、水果等，原料含有的黄酮、异黄酮、花青素、酚酸等物质进入酿造过程，并保留或通过微生物代谢和化学反应使终产品含有各种活性成分。

已报道的发酵食品功能成分主要有黄酮、异黄酮、花青素、酚酸、单宁、γ-氨基丁酸、皂苷等化合物，其生物活性包括抗氧化、防止心血管疾病、抗炎、抗病毒、疾病辅助治疗等。本章主要分述发酵食品及原料中功能性成分的测定方法，为发酵食品功能检测和功能挖掘等科研、工作方面提供参考。

实验一 发酵食品中总黄酮含量的测定

黄酮类化合物是一类具有 2-苯基色原酮结构的化合物，结构中常连接有酚羟基、甲氧基、甲基、异戊烯基等官能团。黄酮广泛存在于自然界的植物和浆果中，总数有 5000 多种，其分子结构不尽相同，多以苷类形式存在。黄酮类化合物既是药理因子，又是一种新发现的营养素，具有抗氧化、改善血液循环、降胆固醇、抗炎等对人体起重要的生理保健功效。

发酵食品中的黄酮类化合物主要来源于植物性原料，如葡萄酒中的黄酮类化合物主要来源于葡萄原料，葡萄原料中含有 1.05~6.19mg/g 的总黄酮；酱油的黄酮类化合物主要来源于黄豆原料，黄豆原料中大约含有 24.31mg/g 的总黄酮。

一、实验目的

了解酒类样品中总黄酮含量测定的实验原理，掌握酒类样品中总黄酮含量测定的实验技术。

二、实验原理

发酵食品及原料中的黄酮类化合物与 $AlCl_3$-NaAc 作用后，生成的络合物在 417nm

波长处有较高的吸收，可用比色法测定。制备芦丁的标准溶液，并以上述方法测得标准曲线，把样品测得的吸光度代入标准曲线计算，即可得到样品中总黄酮物质的含量。

三、实验试剂与仪器

1. 试剂

（1）40%（体积分数）乙醇 用水配制 100mL 含有 40% 乙醇的溶液。

（2）200mg/L 芦丁标准溶液 准确称量已烘至恒定质量的芦丁标准品 20mg，用40% 乙醇溶解，摇匀，并定容至 100mL，即得 200mg/L 芦丁标准溶液，备用。

（3）0.1mol/L 三氯化铝 称取三氯化铝 2.53g，加水溶解后，定容至 100mL。

（4）1mol/L 乙酸钠 称取乙酸钠 8.2g，加水溶解后，定容至 100mL。

2. 主要仪器

（1）分光光度计。

（2）电子天平。

四、实验步骤

1. 标准曲线的测定

准确移取芦丁标准溶液 0mL，0.2mL，0.4mL，0.6mL，0.8mL，1.0mL 分别置于具塞试管中。各管均加入 0.1mol/L 三氯化铝溶液 2mL 和 1mol/L 乙酸钠溶液 3mL，用 40% 乙醇定容至 10mL，摇匀静置 15min。以 40% 乙醇为空白，在 417nm 下测定吸光度，以吸光度为纵坐标，含量为横坐标绘制标准曲线。

2. 样品测定

准确移取酒样 1mL 置于具塞试管中，加入 0.1mol/L 三氯化铝溶液 2mL 和 1mol/L 乙酸钠溶液 3mL，用 40% 乙醇定容至 10mL，摇匀静置 15min。以 40% 乙醇为空白，在417nm 下测定吸光度，并根据标准曲线计算出总黄酮含量。

五、实验结果与分析

试样中总黄酮含量按式（5-1）计算：

$$\rho = \frac{10 \times (A - b)}{a} \tag{5-1}$$

式中 ρ——酒样中总黄酮的含量，mg/L；

    A——样品吸光度；

    b——标准曲线截距；

    a——标准曲线斜率；

  10——稀释倍数。

六、思考题

1. 黄酮化合物与 $AlCl_3$ 反应生成几种不同的铝络合物，各种铝络合物的稳定性如何？

2. 若需要测定几种特定黄酮化合物时，可采用哪些分离检测手段？

实验二　发酵食品中大豆异黄酮含量的测定

　　大豆异黄酮属于黄酮类化合物，是大豆生长中形成的一类次级代谢产物。已发现的大豆异黄酮共有12种，可分为3类，即黄豆苷类、染料木苷类、黄豆黄素苷类。每类以游离型、葡萄糖苷型、乙酰基葡萄糖苷型、丙二酰基葡萄糖苷型4种形式存在。游离型的苷元占总量的2%～3%，包括染料木黄酮、黄豆苷元和黄豆黄素。结合型的糖苷占总量的97%～98%，主要以染料木苷和黄豆苷及丙二酰染料木苷和丙二酰黄豆苷形式存在，约占总量的95%。种植环境、加工方法、遗传因素等对大豆异黄酮的含量和成分有一定影响，表现为不同大豆品种中异黄酮总量及各组分比例的差异。

　　大豆异黄酮具有多种生物活性，包括预防心血管疾病、防治妇女骨质疏松、糖尿病辅助治疗等。常见的大豆发酵制品有酱油、豆豉和腐乳等，大豆经发酵处理使糖苷型大豆异黄酮部分转化为游离型大豆异黄酮，所以发酵后的豆制品其抗氧化活性大大增强，更有利于人体健康。

一、实验目的

　　了解淡豆豉中大豆异黄酮含量测定的实验原理，掌握淡豆豉中大豆异黄酮含量测定的实验技术。

二、实验原理

　　淡豆豉含有大豆中的12种异黄酮类组分，分为游离型的苷元和结合型的糖苷2类，其中含量较高的2种苷元成分为染料木素和大豆素，含量较高的2种糖苷类成分为染料木苷和大豆苷。这些异黄酮基本溶于甲醇溶液，可用甲醇对样品进行提取。通过HPLC在C_{18}色谱柱上把淡豆豉样品中含量较高的4种大豆异黄酮进行分离。大豆异黄酮在波长为254nm处有较高的吸收值，利用紫外检测系统对4种大豆异黄酮的标准品进行定量测定制得标准曲线，对样品相同出峰时间的保留峰进行定量分析，计算后得到样品中4种大豆异黄酮的含量。

三、实验试剂与仪器

　　1. 试剂

　　（1）流动相：V（甲醇）：V（0.09%乙酸的超纯水）按48：52混匀，超声过滤处理。

　　（2）大豆苷、染料木苷、大豆苷元、染料木素的标准品　准确称取各对照品5mg，加甲醇溶解定容至10mL，0.22μm过滤，避光保存。大豆苷、染料木苷、大豆苷元、染料木素的混合标准储备液浓度为500mg/L。

　　2. 主要仪器

　　（1）高效液相色谱仪，紫外检测器，色谱工作站。

　　（2）超声波清洗机。

　　（3）真空抽滤装置。

　　（4）电子天平。

四、实验步骤

1. 对照品标准曲线的测定

取标准使用液 0.50mL，1.00mL，2.50mL，5.00mL，用甲醇分别稀释至 10mL，进样检测，每个浓度重复进样 3 次，取平均值。分别以大豆苷、染料木苷、大豆苷元、染料木素的浓度为横坐标，对应的色谱峰高或峰面积的均值为纵坐标，绘制 4 种标准品的标准曲线。

2. 样品制备

准确称取淡豆豉样品 0.2g，加入甲醇 10mL，称质量，超声处理 30min，放冷，再称质量，用甲醇补足减少的质量，摇匀，0.22μm 过滤。

3. 色谱条件

色谱柱：Agilent Hypersil C_{18} 柱（4.0mm×250mm，5μm）；

流动相：V（甲醇）：V（0.09%乙酸的超纯水）为 48：52；

流速：1.0mL/min；

进样量：20μL；

柱温：室温；

紫外检测器检测波长：254nm。

以保留时间定性，外标法定量。

五、实验结果与分析

淡豆豉样品中大豆苷、染料木苷、大豆苷元和染料木素的含量按式（5-2）计算：

$$X = \frac{\rho \times V_1 \times V}{m \times V_2} \tag{5-2}$$

式中　X——试样中各大豆异黄酮的含量，mg/kg；

　　　ρ——由标准曲线求得样液中某大豆异黄酮的含量，μg/mL；

　　　V_1——试样最后定容体积，mL；

　　　V——提取液的总体积，mL；

　　　V_2——分析用试样提取液的体积，mL；

　　　m——试样的质量，g。

允许误差：在重复条件下获得的 3 次独立测定结果的绝对值，不应超过算术平均值的 5%。

六、思考题

1. 游离型的大豆异黄酮苷元和结合型的大豆异黄酮糖苷的区别有哪些？
2. 高效液相色谱检测大豆异黄酮的原理是什么？

实验三　发酵食品中花青素含量的测定

花青素属于黄酮类化合物，是一种水溶性色素，是构成花瓣和果实颜色的主要色素之一，通常与一个或多个葡萄糖、鼠李糖、半乳糖、阿拉伯糖等通过糖苷键形成花色苷。现在已知的花青素有 20 多种，花色苷有 250 多种。在植物的可食部分主要存在 6 种花青素：矢车菊色素、天竺葵色素、芍药色素、飞燕草色素、矮牵牛色素和锦葵色素，分别约占自然界中花青素含量的 50%、12%、12%、12%、7% 和 7%。花青素分子含有酸性与碱性基团，溶于水和乙醇等醇类化合物。在紫外光与可见光区域均具有较强的吸收，在 280nm 附近和 500~550nm 具有最大吸收波长。花青素在不同的 pH 下呈现不同的颜色，pH<7 呈红色，pH 7~8 时呈紫色，pH>11 时呈蓝色。

花青素具有多种生物活性，包括抗氧化、保护视力、降血糖、阵痛抗炎等。常见的含有花青素的发酵食品有葡萄酒、蓝莓酒等。花青素主要来源于浆果原料。

一、实验目的

了解酒样中花青素含量测定的实验原理，掌握酒样中花青素含量测定的实验技术。

二、实验原理

蓝莓酒中含有多种蓝莓果实的花青素组分，蓝莓中主要的花青素为飞燕草色素、矢车菊色素、矮牵牛色素、天竺葵色素、芍药色素和锦葵色素。这些花青素主要以花色苷的形式存在，基本溶于乙醇溶液，可用乙醇对样品进行提取，提取液中的花色苷可通过水解后生成花青素。通过 HPLC 在 C_{18} 色谱柱上把蓝莓酒样品中含量较高的 6 种花青素进行分离。6 种花青素在波长为 525nm 处有较高的吸收值，利用紫外检测系统对 6 种花青素的标准品进行定量测定制得标准曲线，对样品相同出峰时间的保留峰进行定量分析，计算后得到样品中 6 种花青素的含量。

三、实验试剂与仪器

1. 试剂

（1）0.1%（体积分数）的磷酸溶液　量取 1mL 磷酸，加入超纯水定容至 1000mL，超声过滤。

（2）飞燕草色素、矢车菊色素、矮牵牛色素、天竺葵色素、芍药色素、锦葵色素的标准储备液　分别准确称取 6 种花青素标准物质 5.0mg（精确至 0.1mg）于 50mL 容量瓶中，用 10% 的盐酸甲醇溶液溶解并定容，得 100mg/L 的标准储备液，−20℃下避光保存。

（3）提取液　V（乙醇）：V（水）：V（盐酸）按照 2∶1∶1 进行混合。

2. 主要仪器

（1）高效液相色谱仪，紫外检测器，色谱工作站。

（2）超声波清洗机。

（3）真空抽滤装置。

（4）电子天平。

四、实验步骤

1. 混合对照品的制备

取标准使用液 0.50mL、1.00mL、2.50mL、5.00mL，用含 10% 盐酸的甲醇溶液稀释至 10mL，进样检测，每个浓度重复进样 3 次，取平均值。分别以飞燕草色素、矢车菊色素、矮牵牛色素、天竺葵色素、芍药色素、锦葵色素的浓度为横坐标，对应的色谱峰高或峰面积的均值为纵坐标，绘制四种标准品的标准曲线。

2. 样品制备

提取：准确称取 1.00~5.00g 的蓝莓酒样品于 25mL 的容量瓶中，用提取液定容至刻度，超声振荡提取 30min。

水解：超声提取后，密封好瓶塞，于 120℃下水解 1h，取出冷却至室温，用提取液再次定容，过 0.22μm 滤膜，待上机。

3. 色谱条件

色谱柱：Poroshell 120 EC-C$_{18}$ 柱（100mm×4.6mm×2.7μm）；

流动相：A 相为 0.1%的磷酸溶液，B 相为乙腈；

进样量：20μL；

柱温：40℃；

紫外检测器检测波长：525nm。

梯度洗脱程序见表 5-1。以保留时间定性，外标法定量。

表 5-1　　　　　　　　　流动相梯度洗脱程序及流速

时间/min	流速/（mL/min）	0.1%的磷酸溶液/%	乙腈/%
0.00	1	85.0	15.0
8.50	1	80.0	20.0
9.00	1	85.0	15.0

资料来源：食品与发酵工业，王欢等，2020.

五、实验结果与分析

样品中花青素含量按式（5-3）计算：

$$X = \frac{V \times (\rho_1 - \rho_2)}{m \times d} \tag{5-3}$$

式中　X——样品中各花青素的含量，mg/kg；

　　　ρ_1——标准曲线定量的样品各花青素的含量，mg/L；

　　　ρ_2——空白试验花青素的含量，mg/L；

　　　V——定容体积，mL；

　　　m——取样质量，g；

　　　d——稀释倍数。

花青素总量为各个花青素测定值之和。

允许误差：在重复条件下获得的 3 次独立测定结果的绝对值，不应超过算术平均值的 5%。

六、思考题

1. 蓝莓酒中提取花色苷的注意事项有哪些？

2. 高效液相色谱检测样品中花青素含量的原理是什么？

实验四　发酵食品中白藜芦醇含量的测定

白藜芦醇是一种非黄酮类多酚化合物，是植物受到刺激时产生的一种抗逆物质。白藜芦醇具有多种对人体有益的生物活性，有预防调控血糖、降低心血管疾病风险、改善认知功能和提高免疫力等作用。

白藜芦醇主要是在葡萄浆果的表皮合成，易溶于醇，微溶于水。干红葡萄酒是带皮发酵，在发酵过程中，酒精的浸提作用能将葡萄皮中的白藜芦醇转移到葡萄醪中；而干白葡萄酒则是用纯汁发酵，葡萄皮与汁的接触时间较短，导致白藜芦醇转移较少，因此造成了白藜芦醇在干白与干红葡萄酒中的含量的差异，故白藜芦醇含量的多少已成为评价葡萄酒品质的重要指标之一。目前国内外尚未建立葡萄酒中多酚类物质的质量标准，白藜芦醇常用的检测方法有毛细管电泳法、薄层层析法、气相色谱法、液相色谱法和色谱质谱联用等。

一、实验目的

了解葡萄酒中白藜芦醇含量测定的实验原理，掌握葡萄酒中白藜芦醇含量测定的实验技术。

二、实验原理

白藜芦醇易溶于醇溶液，酒样经过滤膜过滤后可直接进行测量。通过 HPLC 在 C_{18} 色谱柱上把葡萄酒样品中的白藜芦醇进行分离。白藜芦醇在波长为 306nm 处有较高的吸收值，利用紫外检测系统对白藜芦醇的标准品进行定量测定制得标准曲线，对样品相同出峰时间的保留峰进行定量分析，计算后得到酒样中白藜芦醇的含量。

三、实验试剂与仪器

1. 实验试剂

白藜芦醇的标准品：准确称取白藜芦醇固体 5mg，加甲醇溶解定容至 10mL，$0.22\mu m$ 过滤，低温避光保存。白藜芦醇的标准储备液含量为 500mg/L。

2. 主要仪器

（1）高效液相色谱仪，紫外检测器，色谱工作站。

（2）超声波清洗机。

（3）真空抽滤装置。

（4）电子天平。

四、实验步骤

1. 对照品标准曲线的测定

取标准使用液 0.50mL，1.00mL，2.50mL，5.00mL，用甲醇溶液分别稀释至 10mL，进样检测，每个浓度重复进样 2 次到 3 次，取平均值。以白藜芦醇的含量为横坐标，对应的色谱峰高或峰面积的均值为纵坐标，绘制白藜芦醇标准品的标准曲线。

2. 样品制备

葡萄酒样品用 0.22μm 滤膜过滤，避光保存，待上机。

3. 色谱条件

色谱柱：C_{18} 柱（4.6mm×250mm，10μm）；

流动相：甲醇；

流速：1.0mL/min；

检测器：紫外检测器，检测波长为 306nm；

流速：1.0mL/min；

柱温：25℃；

进样量：20μL。

以保留时间定性，外标法定量。

五、实验结果与分析

葡萄酒试样中白藜芦醇的含量按式（5-4）计算：

$$X = \frac{\rho \times V_1}{V} \tag{5-4}$$

式中　X——试样中白藜芦醇的含量，mg/L；

　　　ρ——由标准曲线中求得样液中某白藜芦醇的含量，μg/mL；

　　　V_1——试样最后定容体积，mL；

　　　V——用于分析的试样体积，mL。

允许误差：在重复条件下获得的 3 次独立测定结果的绝对值，不应超过算术平均值的 5%。

六、思考题

1. 如何测量酒样中顺式白藜芦醇和反式白藜芦醇的比例？
2. 高效液相色谱检测酒样中白藜芦醇含量的原理是什么？

实验五　发酵食品中总酚酸含量的测定

酚酸是指同一苯环上有若干个酚性羟基的一类化合物，在植物中，酚酸是一类分布很广的芳香类次级代谢产物。酚酸种类包括没食子酸类、鞣花酸鞣质类、聚黄烷醇多酚、间苯三酚类、苯丙酸类、绿原酸和奎宁酸类等。植物源性发酵食品富含酚酸化合物，如在蓝莓酒中检测出含有没食子酸、原儿茶酸、龙胆酸、香草酸、丁香酸、绿原酸、咖啡酸、香豆酸、阿魏酸和芥子酸等。酚酸具有多种生物活性，包括抗肿瘤、抗氧化、抗病毒、保护心血管和免疫调节等。

一、实验目的

了解酒类样品中总酚酸含量测定的实验原理，掌握酒类样品中总酚酸含量测定的实验技术。

二、实验原理

发酵食品中的总酚酸可用乙醇水溶液提取。酚酸类化合物与福林酚和碳酸钠作用后，生成的络合物在765nm波长处有较高的吸收，可用比色法测定。

三、实验试剂与仪器

1. 试剂

（1）70%（体积分数）乙醇　用水配制100mL含有70%乙醇的溶液。

（2）0.25mg/mL没食子酸母液　准确称量已烘至恒定质量的没食子酸标准品25mg，用70%乙醇溶解，摇匀，并定容至100mL，备用。

（3）150g/L碳酸钠溶液　称取碳酸钠15g，加水溶解后，定容至100mL。

2. 主要仪器

（1）分光光度计。

（2）电子天平。

（3）超声波清洗机。

（4）高速离心机。

四、实验步骤

1. 标准曲线的测定

分别取0mL，0.2mL，0.4mL，0.6mL，0.8mL，1.0mL没食子酸母液于20mL具塞试管中，用70%乙醇补足5mL，加入1mL福林酚和3mL 150g/L碳酸钠溶液，用去离子水定容至20mL，避光显色1h，在765nm处测吸光度。以吸光度为纵坐标，含量为横坐标绘制标准曲线。

2. 样品测定

准确称取0.5g萌发苦荞粉，加入70%乙醇35mL，在700W、40Hz、50℃超声条件下提取20min，将试样在4000r/min离心10min，得总酚酸提取液。取1.0mL提取液，按照标准品的方法测定吸光度，并根据标准曲线计算出总酚酸质量。

五、实验结果与分析

试样中总酚酸的含量按式（5-5）计算：

$$X = \frac{m_1}{m} \times \frac{V_1}{V_2} \qquad (5-5)$$

式中　X——总酚酸含量，mg/g；

　　m_1——提取液中总酚酸质量，mg；

　　m——萌发苦荞粉质量，g；

　　V_1——提取液总体积，mL；

　　V_2——提取液中移取体积，mL。

六、思考题

1. 萌发苦荞粉中提取总酚酸的注意事项有哪些？
2. 植物性原料总酚酸的检测手段还有哪些？

实验六　发酵食品原料中单宁含量的测定

单宁类化合物又称单宁酸、鞣酸，根据其化学组分可分为：缩合单宁酸，黄烷醇衍生物，分子中黄烷醇的 2 位通过碳—碳键与儿茶酚或苯三酚结合；可水解单宁酸，分子中具有酯键，是葡萄糖的没食子酸酯。

单宁类化合物具有众多对人体有益的生物活性，其在发酵食品葡萄酒中含量较高。在发酵过程中，葡萄酒中的单宁一般是由葡萄籽、皮及梗浸泡发酵及存放的橡木桶内的单宁而来的。葡萄酒中的涩味主要是由单宁形成。其次，因单宁具有抗氧化功能，可以减缓葡萄酒氧化速度，让红酒在成熟过程中更耐久存，得以在时间的酝酿下培养陈年佳酿。葡萄酒酿造过程中，产生的葡萄皮渣占使用鲜葡萄总质量的 20%～30%，酿酒的葡萄渣富含多种活性物质，其中单宁的含量占 5%左右。

一、实验目的

了解酿酒葡萄渣样品中单宁含量测定的实验原理，掌握酿酒葡萄渣样品中单宁含量测定的实验技术。

二、实验原理

葡萄渣中单宁的提取方法以有机溶剂提取法最为普遍，有机溶剂和水的混合体系提取率比水、有机溶剂单独使用更高，常用的有机溶剂主要有乙醇、甲醇、乙醚、丙醇、乙酸乙酯等。由于单宁是极性很强的水溶性酚类化合物，丙酮水溶液对单宁的溶解能力很强，能打开单宁-蛋白质间的连接键，因而使单宁提取率提高。单宁类化合物在碱性溶液中将磷钨钼酸还原，生成的蓝色化合物在紫外光波长为 766nm 处有较高的吸收，可用比色法测定。

三、实验试剂与仪器

1. 试剂

（1）F-D（Folin-Donis）试剂　于 250mL 圆底烧瓶中加入 20g 钨酸钠、4g 磷钼酸以及 10mL 磷酸，然后加入 150mL 水，冷凝回流 2h，冷却至室温，转移至烧杯中，加水定容至 200mL。

（2）提取液　V（丙酮）：V（水）按照 1:1 混合。

（3）单宁酸标准品　称取单宁酸 5.9mg 于 250mL 容量瓶中，加蒸馏水溶解，定容至刻度，混匀。

（4）饱和碳酸钠溶液　向水中加入足量的碳酸钠固体直到无法再溶解。

2. 主要仪器

（1）分光光度计。

（2）电子天平。

（3）水浴锅。

四、实验步骤

1. 标准曲线的测定

吸取单宁标准溶液 0mL，1.0mL，2.0mL，5.0mL，7.5mL，10.0mL，12.5mL，15.0mL，17.5mL，分别置于盛有少量蒸馏水的 50mL 容量瓶中，加 F-D 试剂 6mL 以及饱和碳酸钠溶液 6mL，加水稀释至刻度，充分混合，并于 30min 后在 766nm 处测定吸光度。以单宁含量为横坐标，吸光度为纵坐标作图，得到标准曲线。

2. 样品测定

去除预先烘干的葡萄渣中杂质，粉碎，40 目过筛。称取一定质量粉碎葡萄渣，每 1g 样品加入 20mL 提取液，静置，在 65℃条件下回流 1h，冷却过滤形成待测液。

取 0.10mL 待测液于 25mL 容量瓶中，分别加入 3mL F-D 试剂、3mL 饱和碳酸钠溶液，稀释至刻度。静置 30min，以空白试剂（0mL 单宁标准液）作为对照，在 766nm 处测得其吸光度。

五、实验结果与分析

$$X = \frac{\rho \times V}{m} \times 100\% \tag{5-6}$$

式中　X——样品中单宁含量，%；

　　　ρ——从标准曲线查得的提取液所含单宁含量，mg/L；

　　　m——葡萄渣样品的质量，mg；

　　　V——提取液总体积，L。

六、思考题

1. 酿酒葡萄渣中提取单宁的注意事项有哪些？

2. 分光光度法测定样品中单宁含量的原理是什么？

实验七　发酵食品中维生素 B_{12} 含量的测定

维生素 B_{12} 又称为钴胺素，是一类含钴的咔啉类化合物的总称，是人体必需的维生素之一。维生素 B_{12} 对视网膜神经细胞有一定的保护作用，人体血清中维生素 B_{12} 浓度还与帕金森病有关。

韩国泡菜、大豆发酵食品中含有丰富的维生素 B_{12}，发酵食品的维生素 B_{12} 主要由发酵微生物代谢所产生。由于发酵食品基质成分复杂，发酵产物干扰较大，使用一般仪器难以满足定量要求，微生物法是经典的维生素 B_{12} 测定方法，可灵敏地检测出基质中存在可被微生物吸收具有生物学活性的维生素 B_{12}。

一、实验目的

学习腐乳样品中维生素 B_{12} 含量测定的实验原理，掌握腐乳样品中维生素 B_{12} 含量测定的实验技术。

二、实验原理

维生素 B_{12} 微溶于水和乙醇，在 pH 4.5~5.0 弱酸条件下最稳定。乳酸杆菌生长需要特别的营养，因而在非选择性培养基上难以生长。乳酸菌在不含有维生素 B_{12} 的培养基中不能生产，在含有维生素 B_{12} 时菌株恢复生产。根据菌株的生产情况可定量维生素 B_{12} 的含量。菌株生长情况以波长为 550nm 的吸光度作为指标，可用比色法测定。

三、实验试剂与仪器

1. 试剂

（1）菌株　莱士曼氏乳酸杆菌（*Lactobacillus leichmannii*）ATCC7830：中国工业微生物菌种保藏管理中心（China Center of Industrial Culture Collection，CICC）。

（2）维生素 B_{12} 母液　准确称取 1mg 维生素 B_{12} 标准品，用 25%乙醇溶液溶解，稀释并定容至维生素 B_{12} 质量浓度为 100ng/mL，备用。

（3）维生素 B_{12} 前处理液　称取无水磷酸氢二钠 1.3g，无水偏重亚硫酸钠 1.0g，柠檬酸 1.2g，用水溶解并定容至 100mL。

2. 主要仪器

（1）分光光度计。

（2）电子天平。

（3）超声清洗机。

（4）pH 计。

（5）生化培养箱。

四、实验步骤

1. 接种菌悬液的制备

将保存的莱士曼氏乳酸杆菌转接到乳酸杆菌琼脂培养基中，在 36℃培养 18~24h，再将其接种于乳酸杆菌肉汤培养基中，36℃培养 24h。将乳酸杆菌肉汤培养液 4000r/min 离心 5min，弃去上清液，加入 10mL 生理盐水，混匀，再 4000r/min 离心 5min，弃去上清液，重复清洗 3 次。最后加 10mL 生理盐水，混匀，制成菌悬液。以生理盐水作空白，于波长 550nm 处测定菌悬液的透光率，调节菌悬液的透光率为 60%~80%用于维生素 B_{12} 含量的测定。

2. 维生素 B_{12} 标准曲线的制备

吸取相应体积的母液配制成高含量标准溶液（0.02ng/mL）和低含量标准溶液（0.01ng/mL）。按表 5-2 顺序加入水、标准曲线工作液和维生素 B_{12} 测定用培养基于培养管中，平行配制 3 份。

表 5-2 　　　　　　　　标准溶液测量培养基的配制　　　　　　　　单位：mL

项目	试管号									
	1	2	3	4	5	6	7	8	9	10
水	5	5	4	3	2	1	0	2	1	0
低含量标准溶液	0	0	1	2	3	4	5	0	0	0
高含量标准溶液	0	0	0	0	0	0	0	3	4	5
测定用培养基	5	5	5	5	5	5	5	5	5	5

资料来源：中国酿造，曲勤凤等，2019.

3. 样品制备

取腐乳固体粉碎均质后称取一定质量的样品，加入 10mL 维生素 B_{12} 前处理液，混合后再加 150mL 水，经超声波振荡器处理 30min 后于 121℃水解 10min，冷却后调节 pH 至 4.5，再用水定容至 250mL，过滤。移取滤液 5mL，加入水 20～30mL，调节 pH 至 6.8，用水定容至 100mL，作为试样溶液。取适当体积的样品液与水和测定用培养基混合（测定用培养基 5mL，总体积为 10mL）。

4. 接种培养

将标准曲线培养管和样品管于 121℃灭菌 15min，取出后将试管迅速冷却。接种菌悬液 50μL 至上述各试管中，其中标准曲线 1 号管和样品空白管除外。将试管放入培养箱，36℃培养 19～20h。

5. 标准曲线的测定

以标准曲线培养管 2 号为空白，在波长 550nm 处测定各试管吸光度。以维生素 B_{12} 标准品含量为横坐标，吸光度为纵坐标绘制标准曲线。

五、实验结果与分析

根据维生素 B_{12} 标准曲线计算样品中维生素 B_{12} 含量，见式（5-7）：

$$X = \frac{m_1}{m} \times \frac{f}{1000} \tag{5-7}$$

式中　X——试样中维生素 B_{12} 的含量，μg/g；

　　　m_1——试样管中每毫升测定液中维生素 B_{12} 含量的平均值，ng；

　　　f——稀释倍数；

　　　m——样品质量，g。

六、思考题

1. 微生物法测定腐乳样品维生素 B_{12} 的注意事项有哪些？

2. 微生物法测定样品维生素 B_{12} 的原理是什么？

实验八 发酵食品中 γ-氨基丁酸含量的测定

γ-氨基丁酸是一种非蛋白质氨基酸，为哺乳动物中枢神经系统内重要的氨基酸类神经递质，具有重要的生理功能。γ-氨基丁酸由谷氨酸经谷氨酸脱羧酶催化生成，已有报道表明，食用发酵豆制品、乳酸菌发酵制品富含 γ-氨基丁酸。在酒类产品中，添加适当剂量的 γ-氨基丁酸，能起到镇定、醒酒、促进乙醇代谢、增加饮用者酒量的作用。

γ-氨基丁酸具有对电化学、紫外光、可见光不灵敏的特点，对其测定不能使用直接测定的方法。关于 γ-氨基丁酸的测定，近年来国内外有氨基酸分析仪测定、柱层析荧光测定法、比色法、薄层法、纸电泳法、毛细管电泳法、离子色谱法、高效液相色谱法、液质联用法等。液相色谱-质谱联用法测定酒类中 γ-氨基丁酸含量的方法，无须衍生化等特殊条件，精密度和准确度符合要求。

一、实验目的

了解白酒样品中 γ-氨基丁酸含量测定的实验原理，掌握白酒样品中 γ-氨基丁酸含量测定的实验技术。

二、实验原理

γ-氨基丁酸易溶于水，微溶于乙醇、丙酮，不溶于苯、乙醚。γ-氨基丁酸在白酒中含量较低，一般直接过滤即可，果酒需要冷冻离心，去除部分酒石酸盐类、单宁、果胶、色素等。通过 HPLC 分离酒样品中 γ-氨基丁酸，利用质谱定性检测 γ-氨基丁酸，对 γ-氨基丁酸的标准品进行定量测定制得标准曲线，对样品相同出峰时间的保留峰进行定量分析，计算后得到酒样中 γ-氨基丁酸的含量。

三、实验试剂与仪器

1. 试剂

（1）流动相 V（含 0.1%乙酸的超纯水）：V（色谱级甲醇）按 4：6 混合，超声过滤。

（2）γ-氨基丁酸的标准品 准确称取 γ-氨基丁酸固体 5mg，加纯水溶解定容至 10mL，0.22μm 过滤，避光保存。γ-氨基丁酸的标准储备液质量浓度为 0.5g/L。

2. 主要仪器

（1）液质联用仪 液相色谱四极杆串联质谱［电喷雾电离源（ESI）］。

（2）超声波清洗机。

（3）真空抽滤装置。

（4）电子天平。

四、实验步骤

1. 对照品标准曲线的制备

取标准使用液 0.05mL，0.10mL，0.25mL，0.50mL，用纯水稀释至 10mL，进样检测，每个浓度重复进样 3 次，取平均值。以 γ-氨基丁酸的质量浓度为横坐标，对应的色谱峰高或峰面积的均值为纵坐标，绘制 γ-氨基丁酸标准品的标准曲线。

2. 样品制备

白酒样品：用 0.22μm 滤膜过滤，备用。

果酒样品：移取 5mL 试样冷冻离心（10000r/min，15min，2~4℃），取上清液 0.22μm 滤膜过滤，备用。

3. 仪器分析条件

（1）液相色谱条件

流动相组成：V（含 0.1% 乙酸的超纯水）：V（色谱级甲醇）为 4:6；

流速：200μL/min；

注射体积：20μL；

柱温：26℃。

（2）质谱条件

离子源：电喷雾离子源（ESI）；

扫描方式：正离子扫描；

检测方式：多反应监测（MRM）；

干燥气温度：350℃；

干燥气流速：10L/min；

雾化器压力：275.8kPa；

毛细管电压：4000V。

五、实验结果与分析

酒试样中 γ-氨基丁酸的含量按式（5-8）计算：

$$X = \frac{\rho \times V_1}{V} \tag{5-8}$$

式中　X——试样中 γ-氨基丁酸的含量，mg/L；

　　　ρ——由标准曲线中求得样液中 γ-氨基丁酸的含量，μg/mL；

　　　V_1——试样最后定容体积，mL；

　　　V——用于分析的试样体积，mL。

六、思考题

1. 使用 HPLC 和 HPLC-MS 测量白酒样品中 γ-氨基丁酸的区别有哪些？
2. HPLC-MS 测量样品中 γ-氨基丁酸的原理是什么？

实验九　发酵食品中 Monacolin K 含量的测定

红曲米是由红曲霉接种大米后发酵而来，由于其产品丰富和发酵产物中含多种有益代谢物，因此受到世界范围尤其是亚洲国家的关注，中国在食品和医药的使用上已有千余年历史。红曲米的发酵产物包括色素、Monacolin 类化合物、γ-氨基丁酸、多肽、吡喃吲哚类生物碱等有益代谢物质。Monacolin K 也称洛伐他汀，是一种胆固醇合成抑制剂，具有对人体有益的生物活性，包括治疗高脂血症、防治动脉硬化、冠心病和脑血管病等。在含有红曲的发酵酒品中含有较多的 Monacolin K。

目前，主要采用 HPLC 法检测 Monacolin K 及其同系物。关于 Monacolin K 的检测，国内只制定了行业标准 QB/T 2847—2007《功能性红曲米（粉）》，方法主要针对酸式MK（Monacolin K in acid form，MKA）及内酯式 MK（Monacolin K in lactone form，MKL）的含量检测，并以上述两种 MK 组分之和作为 MK 含量的计算标准。MK 同系物种类已报道的至少有 14 种，但行业标准方法所得 MKA 及 MKL 的分离度仅为 1.5，不利于与MKA 或 MKL 极性相近的 MK 同系物的分离。后有报道通过优化改进 HPLC 条件，在高效分析 MK 含量的同时，在相对较短的时间内实现对 MK 同系物的分离。

一、实验目的

了解固态红曲样品中 Monacolin K 含量测定的实验原理，掌握固态红曲样品中 Monacolin K 含量测定的实验技术。

二、实验原理

Monacolin K 不溶于水，易溶于醇溶液，可用乙醇对样品进行抽提。Monacolin K 有多个同系物，通过 HPLC 在 C_{18} 色谱柱上把红曲米中的 Monacolin K 同系物进行分离。Monacolin K 在波长为 238nm 处有较高的吸收值，利用紫外检测系统对 MKA 和 MKL 的标准品进行定量测定制得标准曲线，对样品相同出峰时间的保留峰进行定量分析，计算后得到样品中 MKA 和 MKL 的含量，并以上述两种 Monacolin K 组分之和作为 Monacolin K含量的计算标准。

三、实验试剂与仪器

1. 试剂

（1）流动相　V（乙腈）：V（超纯水）：V（含 0.5% 磷酸的超纯水）按 60：37：3混合，超声过滤。

（2）75% 乙醇　量取 750mL 乙醇，加水至 1000mL。

（3）0.2mol/L 氢氧化钠溶液　称取适量氢氧化钠溶于水中，并使氢氧化钠浓度为0.2mol/L。

（4）MKL 母液的制备　准确称取 MKL 标准品 4.0mg，以 75% 乙醇定容至 5mL。此溶液质量浓度为 800μg/mL。

MKA 母液的制备：称取 MKA 标准品 4.0mg，以 0.2mol/L 氢氧化钠溶液定容至100mL，在 50℃ 条件下超声转化 1h，转入室温后再放置 1h。

2. 主要仪器

（1）Waters 2695 液相色谱仪，二极管阵列检测器，色谱工作站。

（2）超声波清洗机。

（3）真空抽滤装置。

（4）电子天平。

（5）高速离心机。

四、实验步骤

1. 对照品的制备

准确量取 MKL 母液 1mL，以 75% 乙醇定容至 10mL，此溶液含量为 80μg/mL，稀释成不同的含量；准确量取 MKA 母液 1mL，以 0.2mol/L 氢氧化钠溶液定容至 10mL，此溶液含量为 80μg/mL，稀释成不同的含量。以液相结果中峰面积为纵坐标，含量为横坐标绘制标准曲线。

2. 样品制备

准确称取 0.3g 红曲米粉（80 目），加入 25mL 75% 乙醇，超声提取 1h，之后在 12000r/min 条件下离心 10min，上清液过 0.22μm 滤膜后用于 HPLC 分析。

3. 色谱条件

色谱柱：C_{18} 色谱柱（4.6mm×250mm，10μm）；

流动相：V（乙腈）：V（超纯水）：V（含 0.5% 磷酸的超纯水）为 60：37：3；

流速：1.0mL/min；

检测器：紫外检测器；

检测波长：238nm；

柱温：30℃；

进样量：20μL。

以保留时间定性，外标法定量。

五、实验结果与分析

红曲试样中 MKA 或 MKL 的含量按式（5-9）计算：

$$X = \frac{\rho \times V_1}{V} \tag{5-9}$$

式中　X——试样中 MKA 或 MKL 的含量，mg/L；

ρ——由标准曲线中求得样液中 MKA 或 MKL 的含量，μg/mL；

V_1——试样最后定容体积，mL；

V——用于分析的试样体积，mL。

Monacolin K 的含量为 MKA 和 MKL 含量之和。

六、思考题

1. 固态红曲中提取 Monacolin K 的注意事项有哪些？

2. HPLC 法测定样品中 Monacolin K 的原理是什么？

实验十　发酵食品原料中大豆皂苷含量的测定

大豆皂苷是苷类化合物的一种，属于五环三萜类齐墩果酸型化合物，是广泛分布于植物界的一类天然物质。根据其化学结构可分为三萜皂苷和甾醇皂苷两大类。三萜又可分为四环三萜和五环三萜，而以五环三萜最为常见。甾醇皂苷的皂苷元是由 27 个碳原子组成，其基本骨架称为螺旋甾烷及其异构体异螺旋甾烷，在植物中发现的甾醇皂苷元有近百种。皂苷元与不同的糖结合及其结合部位的不同构成了多种皂苷。大豆皂苷具有多种生理活性，包括降脂减肥、抗凝血、抗糖尿病、抗氧化、抗病毒、抗癌、抗肝损伤等。

以大豆作为原料的发酵食品如酱油、豆豉、腐乳中含有较多的大豆皂苷。大豆皂苷是发酵食品引起苦涩味因子之一。目前检测大豆样品中的总皂苷含量主要有分光光度法和 HPLC 法。

一、实验目的

了解大豆样品中总皂苷含量测定的实验原理，掌握大豆样品中总皂苷含量测定的实验技术。

二、实验原理

大豆皂苷可溶于水，易溶于热水、含水稀醇、热甲醇和热乙醇中，难溶于乙醚、苯等极性小的有机溶剂，其在含水醇和戊醇中溶解度较好。利用甲醇水溶液可提取样品中的皂苷物质。大豆皂苷水解成大豆皂苷元只有 A 型结构和 B 型结构两种，且大豆皂苷元具有紫外吸收特性，可用比色法测定。

三、实验试剂与仪器

1. 试剂

（1）大豆皂苷 Aa 标准品　准确称取大豆皂苷 Aa 对照品 10mg，置 200mL 磨口三角瓶中，加 100mL 水解液，超声溶解，水浴上回流水解 2h。待冷却至室温后，定量转移至 250mL 容量瓶中，用水解液稀释至刻度，并摇匀。

（2）水解液　V（2mol/L 盐酸）：V（甲醇）按 1:1 混合。

（3）70%甲醇　量取 700mL 乙醇，加水至 1000mL。

2. 主要仪器

（1）分光光度计。

（2）电子天平。

（3）超声波清洗机。

（4）水浴锅。

（5）索氏提取器。

四、实验步骤

1. 标准曲线的测定

分别准确移取大豆皂苷对照品水解溶液 1.0mL，2.0mL，3.0mL，4.0mL，5.0mL 至

10mL 的容量瓶中，用水解液稀释至刻度，并摇匀。以水解液作参比溶液，在 276nm 下测定吸光度，以吸光度为纵坐标，含量为横坐标绘制标准曲线。

2. 样品制备与测定

精确称取脱脂大豆粕试样 10g 至索氏提取器中，加 70%甲醇 200mL 提取 5h，过滤，用少许 70%甲醇洗涤残渣，合并提取液及洗液，然后减压蒸发至干，回收甲醇。将干燥物定量转至 200mL 磨石三角瓶中，加水解液 100mL，超声溶解，水浴回流水解 2h。待冷却至室温后，定量转移至 250mL 的容量瓶中，用水解液稀释至刻度，并摇匀。

取此液 50mL，置于 250mL 的分液漏斗中，用氯仿萃取 3 次，每次加氯仿 50mL，合并氯仿液，回收氯仿，并干燥，将此干燥物定量转移至 100mL 容量瓶中，用水解液超声溶解并定容，摇匀。准确移取此溶液 1.0mL 至 25mL 的容量瓶中，用水解液稀释至刻度，并摇匀。以水解液作参比溶液，在波长 276nm 下测定吸光度，根据标准曲线计算出样品中大豆总皂苷含量。

五、实验结果与分析

试样中大豆总皂苷含量按式（5-10）计算：

$$X = \frac{(A - b) \times 1250}{a \times m} \times 100\% \qquad (5\text{-}10)$$

式中　X——试样中大豆总皂苷含量，%；

　　　A——样品吸光度；

　　　m——试样质量，g；

　　1250——换算系数；

　　　a——标准曲线斜率；

　　　b——标准曲线截距。

六、思考题

1. 大豆粕中大豆皂苷提取的注意事项有哪些？
2. HPLC 法测量样品中大豆皂苷的原理是什么？

发酵食品及原料中
有害物质的检测

食品在农业生产、加工、运输、贮藏以及消费的任何环节被污染，都可能危害到健康安全。发酵食品及其原料中的有害物质主要来源于发酵过程中微生物代谢；不当地使用农药、兽药；加工、贮藏或运输中的污染，如操作不卫生、杀菌不合要求或贮藏方法不当等；来自特定食品加工工艺，如蔬菜腌制等；来自包装材料中的有害物质，某些有害物质可能移溶到被包装的食品中；来自环境污染物，如二噁英、多氯联苯等；以及来自食品原料中固有的天然有毒物质。

食品中有毒有害物质可引起人体代谢紊乱，进而导致疾病的产生。及时检测出食品中的有害物质，并有针对性地制定改进策略，是保障食品安全的重要方面。本章主要简述发酵食品及原料中的生物胺、氨基甲酸乙酯、农药及兽药残留、抗生素及重金属的测定方法。

实验一　发酵食品中生物胺的测定

生物胺（Biogenic）是一类具有生物活性含氮的低相对分子质量有机化合物的总称，是食品新鲜程度和被微生物污染程度的标志，其中包括组胺、酪胺、尸胺、腐胺、色胺、苯乙胺、精胺和亚精胺。生物胺在人体内起着重要的生理作用，但若过量则会引起人体中毒。目前很难确定一个标准量来衡量生物胺的毒性，由于乙醇会加强生物胺的毒性，因此生物胺在酒类中的限量标准要严于普通食品。如德国，葡萄酒中的组胺含量规定不得高于 2mg/L。

目前，我国并没有规定酒类中生物胺含量的限量标准，其中我国葡萄酒中组胺的最高含量可达 10.51mg/L，总生物胺含量在 6.34 ~ 39.05mg/L，传统酒类黄酒中生物胺的平均含量高达 115mg/L，远远高于其他国家制定的标准。同时，在我国的餐饮文化中，酒类饮品是餐桌上常见的一类饮品，因此，我国亟须制定发酵食品和酒类饮品中生物胺的限量标准，有助于保障发酵食品质量安全。

一、实验目的

学习高效液相色谱法测定发酵食品中生物胺的实验原理，掌握相应的实验技术。

二、实验原理

生物胺是一类具有生物活性的低相对分子质量碱性化合物，主要是由相应的氨基酸通过微生物的脱羧作用形成或由醛、酮类物质在氨基酸转氨酶作用下产生。生物胺与氨基酸类似，本身无紫外吸收和荧光发射特性，因此需要衍生化处理。常用的衍生试剂有丹酰氯（Dns-Cl）、邻苯二甲醛（OPA）、苯甲酰氯和荧光胺（FA）等。丹酰氯与单胺和二胺都可以发生反应，脱掉一分子的 HCl，生成具有荧光和紫外光的衍生物，反应式为：

丹酰氯　　　　　　　　　　衍生物
（Dns-Cl）　　　　　　　（Derivative）

内标法是将一定质量的纯物质作为内标物加到一定量的被分析样品混合物中，然后对含有内标物的样品进行色谱分析，分别测定内标物和待测组分的峰面积（或峰高）及相对校正因子，按公式即可求出被测组分在样品中的百分含量。

紫外或荧光检测对生物胺而言是最常用的分析方法，因此测定食品中的生物胺含量一般可采用液相色谱分离法。利用高效液相色谱，测得各生物胺的峰面积，以系列混合标准工作液的含量为横坐标，以各生物胺的峰面积与内标的峰面积的比值为纵坐标，绘制标准曲线。将样品的衍生溶液注入高效液相色谱仪中，测得峰面积，以保留时间定性。根据标准曲线得到待测样品中各生物胺的含量。

三、实验试剂与仪器

1. 试剂（所用水为双蒸水）

（1）10mg/mL 丹磺酰氯衍生剂溶液　称取 1g 丹磺酰氯，以丙酮为溶剂，配制 100mL 丹磺酰氯衍生剂使用液，置 4℃避光储存。

（2）1mol/L 氢氧化钠溶液　称取 4g 氢氧化钠，加入 100mL 水完全溶解。

（3）0.1mol/L 盐酸溶液　准确量取 1mol/L 盐酸溶液 10mL 于 100mL 容量瓶中，用水定容至刻度。

（4）饱和碳酸氢钠溶液　称取 15g 碳酸氢钠，加入 100mL 水溶解，取上清液即为饱和溶液。

（5）50mg/mL 谷氨酸钠溶液　准确称取 5.0g 谷氨酸钠，用饱和碳酸氢钠溶液溶解并定容至 100mL。

（6）含 1%乙酸的 0.01mol/L 乙酸铵溶液　称取 0.77g 乙酸铵溶解于水中，转移至

1000mL 容量瓶中，加入 10mL 乙酸，用双蒸水定容。

（7）流动相 A　量取 100mL 含 1% 乙酸的 0.01mol/L 乙酸铵溶液，加入 900mL 乙腈。

（8）流动相 B　量取 900mL 含 1% 乙酸的 0.01mol/L 乙酸铵溶液，加入 100mL 乙腈。

2. 主要仪器

（1）高效液相色谱仪（HPLC），配有紫外检测器或二极管阵列检测器。

（2）离心机　转速 ≥6500r/min。

（3）涡旋振荡器。

（4）氮气浓缩装置。

（5）滤膜针头滤器　0.22μm。

四、实验步骤

1. 标准溶液的配制

（1）单组分生物胺标准溶液的配制　准确称取各种生物胺标准品（组胺盐酸盐、β-苯乙胺盐酸盐、酪胺盐酸盐、腐胺盐酸盐、尸胺盐酸盐、色胺盐酸盐、精胺盐酸盐、亚精胺盐酸盐、章鱼胺盐酸盐）适量，分别置于 10mL 小烧杯中，用 0.1mol/L 盐酸溶液溶解后转移至 10mL 容量瓶中，定容至刻度，混匀，配制成质量浓度为 1g/L（以各种生物胺单体计）的标准储备溶液，置 −20℃ 冰箱储存。保存期为 6 个月。

（2）生物胺混合标准溶液的配制　分别吸取 1.0mL 各单组分生物胺标准溶液，置于同一个 10mL 容量瓶中，用 0.1mol/L 盐酸稀释至刻度，混匀，配制成生物胺标准混合使用液（100mg/L），保存期为 3 个月。

（3）生物胺混合标准系列溶液的配制　分别吸取 0.10mL，0.25mL，0.50mL，1.0mL，1.50mL，2.50mL，5.0mL 生物胺混合标准溶液（100mg/L），置于 10mL 容量瓶中，用 0.1mol/L 盐酸溶液稀释至刻度，混匀，使含量分别为 1.0mg/L，2.5mg/L，5.0mg/L，10.0mg/L，15.0mg/L，25.0mg/L，50.0mg/L，临用现配。

（4）内标标准溶液的配制　准确称取适量内标标准品（1,7-二氨基庚烷），置于 10mL 容量瓶中，用 0.1mol/L 盐酸溶液溶解后稀释至刻度，混匀，配制成含量为 10mg/mL 的内标标准储备溶液，置 −20℃ 冰箱储存。保存期为 6 个月。

（5）内标使用液的配制　吸取 1.0mL 内标标准溶液于 10mL 容量瓶中，用 0.1mol/L 盐酸稀释至刻度，混匀，作为 1.0mg/mL 内标使用液，保存期为 3 个月。

注意：标准溶液的配制含量以各生物胺单体计算，称取标准品时，对相应的盐酸盐进行质量折算。所有标准溶液配制好后均需转移至密闭棕色容器中，避光贮存。

2. 衍生

（1）试样的衍生　准确量取 1.0mL 待测样品于 15mL 塑料离心管中，依次加入 250μL 100mg/L 内标溶液、1mL 饱和碳酸氢钠溶液、100μL 1mol/L 的氢氧化钠溶液、1mL 衍生试剂，涡旋混匀 1min 后置于 60℃ 恒温水浴锅中衍生 15min，取出，分别加入 100μL 谷氨酸钠溶液，振荡混匀，60℃ 恒温反应 15min，取出冷却至室温，于每个离心管中加入 1mL 超纯水，涡旋混合 1min，40℃ 水浴并氮吹除去丙酮（约 1mL），加入 0.5g 氯化钠涡旋振荡至完全溶解，再加入 5mL 乙醚，涡旋振荡 2min，静置分层后，转移上层有机相（乙醚层）于 15mL 离心管中，水相（下层）再萃取一次，合并两次乙醚萃取液，40℃水浴下氮气吹干。加入 1mL 乙腈振荡混匀，使残留物溶解，0.22μm 滤膜针头滤器过滤，待测定。

（2）标准品的衍生　分别移取 1mL 样品溶液，置于 10mL 具塞试管中，依次加入 250μL 100mg/L 内标使用液，以下操作同试样的衍生步骤。

3. 进样

（1）色谱条件

色谱柱：C_{18} 柱，柱长 250mm，柱内径 4.6mm，柱填料粒径 5μm；

检测器：紫外检测器；

检测波长：254nm；

进样量：20μL；

柱温：35℃；

流动相：流动相 A 为 90% 乙腈和/或 10%（含 0.1% 乙酸的 0.01mol/L 乙酸铵溶液），流动相 B 为 10% 乙腈和/或 90%（含 0.1% 乙酸的 0.01mol/L 乙酸铵溶液）；

流速：0.8mL/min。

梯度洗脱程序见表 6-1。

表 6-1　　　　　　　　　　　　　　　梯度洗脱程序

组成	时间/min					
	0	22	25	32	32.01	37
流动相 A/%	60	85	100	100	60	60
流动相 B/%	40	15	0	0	40	40

资料来源：GB 5009.208—2016《食品安全国家标准　食品中生物胺的测定》.

（2）标准曲线的制作　将 20μL 系列混合标准溶液的衍生液分别注入高效液相色谱仪，测得目标化合物的峰面积，以系列混合标准溶液的含量为横坐标，以目标化合物的峰面积与内标的峰面积的比值为纵坐标，绘制标准曲线。

（3）试样溶液的测定　将试样的衍生溶液注入高效液相色谱仪中，测得峰面积，以峰的保留时间进行定性确认。根据试验的峰面积比值，代入标准曲线方程，计算得到待测液中各目标化合物的浓度。

五、实验结果与分析

试样中生物胺含量按式（6-1）计算：

$$X = \frac{\rho \times V \times f}{m} \tag{6-1}$$

式中　X——试样中被测组分的含量，mg/kg 或 mg/L；

　　　ρ——试样溶液中被测组分的含量，mg/L；

　　　V——试样溶液的体积，mL；

　　　f——稀释倍数；

　　　m——试样的质量，g。

计算结果保留 3 位有效数字。

六、思考题

1. 生物胺对发酵食品的质量控制有何意义？
2. 液相色谱检测的注意事项有哪些？
3. 检测生物胺标准混合液时，色谱图出现肩峰要如何解决？
4. 内标法的检测原理是什么？

实验二　发酵食品中氨基甲酸乙酯的测定

氨基甲酸乙酯（Ethyl Carbamate，EC），于 1971 年由 Lofroth 在发酵食品中首次发现，其分子式为 $C_3H_7NO_2$，沸点为 182~184℃，相对分子质量为 89.09，无色无味。EC主要在食品发酵和贮藏过程中产生，广泛存在于酒类（白酒、黄酒、葡萄酒、啤酒等）、酱油、乳酸菌发酵饮料和谷物或豆类发酵食品等制品中。

EC 对人体健康有害，与多种癌症的形成和发展密切相关，2007 年世界卫生组织（WHO）将 EC 认定为"2A"级致癌物。目前 EC 的含量已成为国际社会高度关注的发酵类食品安全热点问题之一。2002 年，联合国粮农组织制定了 EC 的国际标准，规定食品中 EC 含量不得超过 20μg/L；一些国家还规定了不同酒中 EC 最高限量：如加拿大限制酒精饮品的 EC 含量为 30~400μg/L，韩国限制葡萄酒中的 EC 含量为 30μg/L。

目前，我国尚未制定发酵食品和酒精饮料中 EC 的限量标准，也未引起足够重视。随着我国人民对酒精饮料消费量的日趋上升、国际食品贸易竞争的日趋激烈，制定 EC限量标准、降低我国发酵食品和酒精饮料中 EC 含量势在必行。对发酵食品中 EC 含量进行检测和评价，是发酵食品行业发展的必然趋势，有助于保障食品安全，维护公众健康。

一、实验目的

学习气相色谱法测定发酵食品中氨基甲酸乙酯的实验原理，并掌握相应的实验技术。

二、实验原理

气质联用仪是指将气相色谱和质谱联合起来进行使用的仪器系统。

气相色谱法是利用气体作流动相的色谱分离分析方法。在色谱柱中，不同的样品因为具有不同的物理和化学性质，与特定的柱填充物（固定相）有着不同的相互作用而被气流（载气，流动相）以不同的速率带动。当化合物从柱的末端流出时，它们被检测器检测到，产生相应的信号，并被转化为电信号输出。在色谱柱中固定相的作用是分离不同的组分，使得不同的组分在不同的时间（保留时间）从柱的末端流出；其他影响物质流出柱的顺序及保留时间的因素包括载气的流速、温度等。

质谱仪离子源可使待测组分的分子在高真空条件下离子化,分子电离后因接受了过多的能量进一步碎裂成较小质量的多种碎片离子和中性粒子,它们在加速电场作用下获取具有相同能量的平均动能而进入质量分析器,质量分析器将同时进入其中的不同质量的离子,按质荷比 m/z 大小进行分离,分离后的离子依次进入离子检测器,采集放大离子信号,经计算机处理,绘制成质谱图。

质谱法可以进行有效的定性分析,但对复杂有机化合物的分析就显得无能为力;色谱法对有机化合物是一种有效的分离分析方法,特别适合有机化合物的定量分析,但定性分析则比较困难。因此,这两者的有效结合可提供一个定性定量分析复杂有机化合物的工具。

在检测样品中加 D5-氨基甲酸乙酯内标后,经过碱性硅藻土固相萃取柱净化、洗脱,洗脱液浓缩后,用气相色谱-质谱仪进行测定,采用内标法进行定量分析。

三、实验试剂与仪器

1. 试剂(所用水为重蒸水)

(1)无水硫酸钠 450℃烘烤 4h,冷却后贮存于干燥器中,备用。

(2)5%(体积分数)乙酸乙酯-乙醚溶液 取 5mL 乙酸乙酯,用乙醚稀释到 100mL,混匀待用。

(3)色谱级甲醇。

(4)1.00mg/mL D5-氨基甲酸乙酯储备液 称取 0.01g D5-氨基甲酸乙酯标准品,用甲醇溶解,定容至 10mL,4℃以下保存。

(5)2.00μg/mL D5-氨基甲酸乙酯使用液 吸取 1.00mg/mL D5-氨基甲酸乙酯储备液 0.10mL,用甲醇定容至 50mL,4℃以下保存。

(6)1.00mg/mL 氨基甲酸乙酯储备液 称取 0.05g(精确至 0.001g)氨基甲酸乙酯标准品,用甲醇溶解,定容至 50mL,4℃以下保存,保存期 3 个月。

(7)10.0μg/mL 氨基甲酸乙酯中间液 吸取 1.00mg/mL 氨基甲酸乙酯储备液 1.00mL,用甲醇定容至 100mL,4℃以下保存,保存期 1 个月。

(8)0.50μg/mL 氨基甲酸乙酯中间液 吸取 10.0μg/mL 氨基甲酸乙酯中间液 5.00mL,用甲醇定容至 100mL,现配现用。

2. 主要仪器

(1)气相色谱-质谱仪,带电子轰击源(EI)源。

(2)涡旋振荡器。

(3)氮吹仪。

(4)固相萃取装置,配真空泵。

(5)超声波清洗机。

(6)马弗炉。

四、实验步骤

1. 标准曲线工作溶液的配制

分别吸取 0.50μg/mL 氨基甲酸乙酯中间液 20.0μL,50.0μL,100.0μL,200.0μL,

400.0μL 和 10.0μg/mL 氨基甲酸乙酯标准中间液 40.0μL，100.0μL 于 7 个 1mL 容量瓶中，各加 2.00μg/mL D5-氨基甲酸乙酯使用液 100μL，用甲醇定容，得到 10.0ng/mL，25.0ng/mL，50.0ng/mL，100ng/mL，200ng/mL，400ng/mL，1000ng/mL 的标准曲线工作溶液，现配现用。

2. 试样的制备

样品摇匀，称取 2.000g 样品（啤酒样品需经超声波脱气处理 5min 后再称量），加入 2.00μg/mL D5-氨基甲酸乙酯使用液 100.0μL、氯化钠 0.3g（若为酱油样品，则不加氯化钠），超声溶解、混匀后，加样到碱性硅藻土固相萃取柱上，在真空条件下，将样品溶液缓慢渗入萃取柱中，并静置 10min。经 10mL 正己烷淋洗后，用 10mL 5%乙酸乙酯-乙醚溶液以约 1mL/min 流速进行洗脱，洗脱液经装有 2g 无水硫酸钠的玻璃漏斗脱水后，收集于 10mL 刻度试管中，室温下用氮气缓缓吹至约 0.5mL，用甲醇定容至 1.00mL，制成测定液，供 GC/MS 分析。

3. 进样

（1）色谱条件

毛细管色谱柱：DB-INNOWAX，30m×0.25mm×0.25μm 或相当者；

进样口温度：220℃；

柱温：初温 50℃，保持 1min，然后以 8℃/min 升至 180℃，程序运行完成后，240℃后运行 5min；

载气：氦气，纯度≥99.99%，流速 1mL/min；

电离模式：电子轰击源（EI），能量为 70eV；

四级杆温度：150℃；

离子源温度：230℃；

传输线温度：250℃；

溶剂延迟：11min；

进样方式：不分流进样；

进样量：1~2μL；

检测方式：选择离子监测（SIM）；

氨基甲酸乙酯选择监测离子（m/z）：44、62、74、89，定量离子 62；

D5-氨基甲酸乙酯选择监测离子（m/z）：64、76，定量离子 64。

（2）标准曲线的制作　将氨基甲酸乙酯标准曲线工作溶液 10.0ng/mL，25.0ng/mL，50.0ng/mL，100ng/mL，200ng/mL，400ng/mL，1000ng/mL（内含 200ng/mL D5-氨基甲酸乙酯）进行气相色谱-质谱测定，以氨基甲酸乙酯含量为横坐标，标准曲线工作溶液中氨基甲酸乙酯峰面积与内标 D5-氨基甲酸乙酯的峰面积比为纵坐标，绘制标准曲线。

（3）试样溶液的测定　将待测样品溶液同标准曲线工作溶液进行测定，根据测定液中氨基甲酸乙酯的含量计算试样中氨基甲酸乙酯的含量，其中试样含低浓度的氨基甲酸乙酯时，宜采用 10.0ng/mL，25.0ng/mL，50.0ng/mL，100ng/mL，200ng/mL 的标准曲线工作溶液绘制标准曲线；试样含高浓度氨基甲酸乙酯时，宜采用 50.0ng/mL，100ng/mL，200ng/mL，400ng/mL，1000ng/mL 的标准曲线工作溶液绘制标准曲线。

五、实验结果与分析

试样中氨基甲酸乙酯含量按式（6-2）计算：

$$X = \frac{\rho \times V \times 1000}{m \times 1000} \qquad (6-2)$$

式中　X——样品中氨基甲酸乙酯的含量，$\mu g/kg$；

　　　ρ——测定液溶液中氨基甲酸乙酯的含量，ng/mL；

　　　V——样品测定液的定容体积，mL；

　　　m——试样的质量，g；

　1000——换算系数。

计算结果保留 3 位有效数字。

六、思考题

1. 氨基甲酸乙酯对发酵食品的质量控制有何意义？

2. 气相色谱–质谱检测的原理是什么？注意事项有哪些？

3. 利用气相色谱–质谱联用技术检测氨基甲酸乙酯标准品时，色谱图如果出现连峰，其原因可能有哪些？解决措施有哪些？

4. 利用气相色谱–质谱联用技术检测发酵食品中氨基甲酸乙酯时，色谱图如果出现杂峰，其原因可能有哪些？解决措施有哪些？

实验三　发酵食品原料中农药的测定

农药广泛用于种植类的农产品中。发酵食品中，白酒、黄酒、果酒、调味品等食品所用到的原料，都可能涉及农药使用及残留问题。

有机磷类农药普遍具有广谱性，品牌多，广大用户使用这类农药已形成习惯。其中，敌百虫对防治荔枝蝽和荔枝瘿螨具有优良效果，被广泛用于荔枝种植中。每一种有机磷类农药在不同农作物中的最大残留限量在国家标准中均有不同，以敌百虫为例，在谷物、油料和油脂、水果中的最大残留限量分别为 0.1mg/kg、0.1mg/kg、0.2mg/kg。水果中的有机磷、有机氯、拟除虫菊酯和氨基甲酸酯类农药残留均能用气相色谱仪进行检测。

一、实验目的

学习气相色谱仪检测有机磷农药的实验原理，掌握相应的实验技术。

二、实验原理

本实验将以水果中的有机磷类农药残留的检测为例。

试样中有机磷类农药用乙腈提取，提取溶液经过滤、浓缩后，用丙酮定容，用双自动进样器同时注入气相色谱仪的两个进样口，农药组分经不同极性的两根毛细管柱分离，火焰光度检测器（FPD 磷滤光片）检测。用双柱的保留时间定性，外标法定量。按梯度添加一定量的农药标准品于空白溶剂中制成不同梯度的标准工作液，不同浓度的标准品进样，以标准工作液的浓度为横坐标、峰面积为纵坐标绘制出标准曲线。未知试样平行地进行样品处理并检测，得到峰面积与标准曲线对照，从而推算出未知试样中被测组分含量。

三、实验试剂与仪器

1. 试剂

除特殊说明，仅使用确认为分析纯的试剂和 GB/T 6682—2008《分析实验室用水规格和试验方法》中规定的至少二级的水。

（1）色谱纯乙腈。

（2）丙酮，重蒸。

（3）氯化钠　140℃烘烤 4h，冷却后贮存于干燥器中，备用。

（4）农药标准品（敌百虫、乐果、敌敌畏、亚胺硫磷、辛硫磷）。

（5）农药标准溶液配制

①单一农药标准溶液：准确称取一定量某农药标准品，用丙酮做溶剂，逐一配制成 1000mg/L 的单一农药标准储备液，贮存于-18℃。使用时可用丙酮再稀释配制。

②农药混合标准溶液：根据各农药在仪器上的响应值，吸取一定体积的单个农药储备液分别注入同一容量瓶中，用丙酮稀释，配制成农药混合标准储备溶液。使用前用丙酮稀释至适宜浓度。

2. 主要仪器

（1）气相色谱仪，带有双火焰光度检测器（FPD 磷滤光片），双自动进样器，双分流/不分流进样口。

（2）涡旋振荡器。

（3）搅拌机。

（4）匀浆机。

（5）氮吹仪。

四、实验步骤

1. 试样制备

抽取水果样品，取可食部分，将其切碎，充分混匀放入搅拌机粉碎，制成待测样。放入分装容器中，于-20～-16℃保存，备用。

2. 提取

准确称量 25.0g 试样放入匀浆机中，加入 50.0mL 乙腈，高速匀浆 2min，滤纸过滤，将滤液收集到装有 5~7g 氯化钠的 100mL 具塞量筒中，收集 40~50mL 滤液，盖上塞子，剧烈振荡 1min，在室温下静置 30min，使乙腈和水相分层。

3. 净化

（1）从具塞量筒中吸取 10.0mL 乙腈溶液，置入 150mL 烧杯中，80℃水浴，杯内缓缓通入氮气或空气流，蒸发近干，加入 2.0mL 丙酮，盖上铝箔，备用。

（2）将上述备用液全部转移至 15mL 刻度离心管中，再用约 3mL 丙酮分三次冲洗烧杯，并转移至离心管，最后定容至 5.0mL，在涡旋混合器上混匀，分别移入两个 2mL 自动进样器样品瓶中，供气相色谱测定。如定容后的样品溶液混浊，可用 0.2μm 滤膜过滤。

4. 色谱柱及操作参数

（1）色谱柱

预柱：1.0m，内径 0.53mm，脱活石英毛细管柱。

A 柱：50%聚苯基甲基硅氧烷（DB-17 或 HP-50+）柱，30m×0.53mm×1.0μm，或相当者；

B 柱：100%聚甲基硅氧烷（DB-1 或 HP-1）柱，30m×0.53mm×1.50μm，或相当者。

（2）温度

进样口温度：220℃；

检测器温度：250℃。

柱温：150℃（保持 2min）$\xrightarrow{8℃/min}$ 250℃（保持 12min）。

（3）气体及流量

载气：氮气，纯度≥99.999%，流速为 10mL/min。

燃气：氢气，纯度≥99.999%，流速为 75mL/min。

助燃气：空气，流速为 100mL/min。

（4）进样方式　不分流进样。样品溶液一式两份，由双自动进样器同时进样。

5. 色谱分析

由自动进样器分别吸取 1.0μL 标准混合溶液和净化后的样品溶液注入色谱仪中，以双柱保留时间定性，以 A 柱获得的样品溶液峰面积与标准溶液峰面积进行比较。

五、实验结果与分析

1. 定性分析

双柱测得样品溶液中未知组分的保留时间（t_R）分别与标准溶液在同一色谱柱上的保留时间（t_R）相比较，如果样品溶液中某组分的两组保留时间与标准溶液中某一农药的两组保留时间相差都在±0.05min 内的可认定为该农药。

2. 定量结果计算

试样中被测农药残留量按式（6-3）计算：

$$X = \frac{V_1 \times A \times V_3}{V_2 \times A_s \times m} \times \rho \tag{6-3}$$

式中　X——被测农药残留量，mg/kg；

　　　ρ——标准溶液中农药的含量，mg/L；

　　　A——样品溶液中被测农药的峰面积；

　　　A_s——农药标准溶液中被测农药的峰面积；

　　　V_1——提取溶剂总体积，mL；

　　　V_2——吸取出用于检测的提取溶液的体积，mL；

V_3——样品溶液定容体积，mL；

　　m——试样的质量，g。

计算结果保留 2 位有效数字，当结果大于 1mg/kg 时保留 3 位有效数字。

六、思考题

1. 调研有机磷农药在广式传统发酵食品原料中存在的现状。

2. 简述气相色谱检测农药的工作原理及适用范围。

3. 除了气相色谱法之外，还有哪些检测方法可用于检测发酵食品原料中的农药残留？

实验四　发酵食品原料中四环素类抗生素的测定

四环素类抗生素（Tetracyclines，TCs）是由放线菌产生的一类广谱抗生素，包括土霉素（Oxytetracycline，OTC）、四环素（Tetracycline，TC）和金霉素（Chlortetracycline，CTC）等。四环素类抗生素由于价格低廉，大量使用于许多疾病的预防与促进动物的生长，提高畜禽生产效率。但是畜禽组织中四环素类抗生素的残留会影响食用者的健康，还会造成环境中四环素类抗生素的残留，从而间接或直接进入人体，增加人体的耐药性，给人类公共健康带来威胁。

近年来，抗生素在医疗和畜禽养殖业中得到大量使用。我国抗生素年产量的 40%用于畜禽养殖，其中的 90%都是作为动物饲料添加剂而被消耗掉，动物的抗生素滥用现象较为突出，为畜禽养殖和人民群众的健康安全带来了隐患。

为了保护环境和人类健康，国际食品法典委员会（CAC）制定了动物组织及产品中兽药残留的最高残留限量（MRLVDs），用以保障公众健康和各国正常进出口贸易。我国也制定了国家标准规定四环素类抗生素的添加限量，所用食用性动物肌肉组织中土霉素、四环素和金霉素的单个或复合物含量不得超过 0.1mg/kg。

一、实验目的

学习液相色谱-质谱法与高效液相色谱法检测四环素类兽药的实验原理，掌握相应的实验技术。

二、实验原理

兽药是指用于预防、治疗、诊断动物疾病或者有目的地调节动物生理机能的物质（含药物饲料添加剂）。如动物肌肉、内脏组织、水产品、牛乳等动物源性食品中，均可能有兽药的残留。酸乳和各种传统发酵肉制品，如腊肉、腊肠、火腿等，原料均为动物源性食品。本实验将以四环素类兽药残留的检测为例。

四环素类兽药主要用于猪喘气病和各种家畜的巴氏杆菌病、布鲁氏菌病、炭疽、大肠杆菌、急性呼吸道感染等。人类若摄入食品中残留的四环素类兽药过量，会损害人体消化道、肝、肾，影响牙齿和骨骼的发育。

试样中四环素族抗生素残留用 0.1mol/L EDTA-2Na-Mcllvaine 缓冲液（pH 4.0）提取，经过滤和离心后，上清液用 HLB 固相萃取柱净化，高效液相色谱仪或液相色谱电喷雾质谱仪测定，外标峰面积法定量。

按梯度添加一定量的兽药标准品于空白溶剂中，制成不同梯度的标准工作液，不同浓度的标准品进样，以标准工作液的浓度为横坐标、峰面积为纵坐标绘制出标准曲线。未知试样平行地进行样品处理并检测，得到峰面积与标准曲线对照，从而推算出未知试样中被测组分含量。

三、实验试剂与仪器

1. 试剂

除特殊说明，仅使用确认为分析纯的试剂和 GB/T 6682—2008《分析实验室用水规格和试验方法》中规定的至少二级的水。

（1）甲醇　色谱纯。

（2）乙腈　色谱纯。

（3）乙酸乙酯。

（4）三氟乙酸。

（5）0.1mol/L 柠檬酸溶液。

（6）0.2mol/L 磷酸氢二钠溶液。

（7）Mcllvaine 缓冲溶液　将 1000mL 0.1mol/L 柠檬酸溶液与 625mL 0.2mol/L 磷酸氢二钠溶液混合，必要时用氢氧化钠或盐酸调节 pH 至 4.0±0.05。

（8）0.1mol/L EDTA-2Na-Mcllvaine 缓冲溶液　称取 60.5g EDTA-2Na 放入 1625mL Mcllvaine 缓冲溶液中，使其溶解，摇匀。

（9）甲醇+水（1+19）　量取 5mL 甲醇与 95mL 水混合。

（10）甲醇+乙酸乙酯（1+9）　量取 10mL 甲醇与 90mL 乙酸乙酯混合。

（11）Oasis HLB 固相萃取柱　60mg（3mL），或相当者。使用前分别用 5mL 甲醇和 5mL 水预处理，保持柱体湿润。

（12）10mmol/L 三氟乙酸水溶液　准确吸取 0.765mL 三氟乙酸于 1000mL 容量瓶中，用水溶解并定容至刻度。

（13）甲醇+三氟乙酸水溶液（1+19）　量取 50mL 甲醇与 950mL 三氟乙酸水溶液混合。

（14）兽药标准物质

①适用于高效液相色谱：土霉素、四环素。

②适用于液相色谱-质谱：差向土霉素、差向四环素。

（15）标准溶液配制

①单一标准溶液：称取按纯度折算为 100% 质量的标准物质 10.0mg，用甲醇溶解并定容至 100mL，-18℃以下贮存于棕色瓶中。

②混合标准溶液：用甲醇+三氟乙酸水溶液将标准储备溶液配制为适当浓度的混合

标准工作溶液。临用前新鲜配制。

2. 主要仪器

(1) 液相色谱串联四极杆质谱仪或相当者，配电子喷雾离子源。

(2) 高效液相色谱仪 配二极管阵列检测器或紫外检测器。

(3) 滤膜，0.45μm，有机溶剂膜。

(4) 涡旋振荡器。

(5) 搅拌机。

(6) 氮吹仪。

(7) 低温离心机。

(8) 固相萃取真空装置。

(9) 超声提取仪。

四、实验步骤

1. 试样制备

(1) 动物肌肉、肝脏、肾脏和水产品 取出 500g 样品，用搅拌机充分捣碎均匀，装入洁净容器中，密封，于-18℃以下冷冻存放。

(2) 牛乳样品 取出 500g 样品，充分混匀，装入洁净容器中，密封，于-18℃以下冷冻存放。

2. 提取

(1) 动物肌肉、肝脏、肾脏和水产品 称取均质试样 5g（精确至 0.01g），置于 50mL 聚丙烯离心管中，分别用约 20mL、20mL、10mL 0.1mol/L EDTA-2Na-Mcllvaine 缓冲溶液冰水浴超声提取 3 次，每次涡旋混合 1min，超声提取 10min，3000r/min 离心 5min（温度低于 15℃），合并上清液（注意控制总提取液的体积不超过 50mL），并定容至 50mL，混匀，5000r/min 离心 10min（温度低于 15℃），用快速滤纸过滤，待净化。

(2) 牛乳样品 称取均质混匀试样 5g（精确到 0.01g），置于 50mL 比色管中，用 0.1mol/L EDTA-2Na-Mcllvaine 缓冲溶液溶解并定容至 50mL，涡旋混合 1min，冰水浴超声 10min，转移至 50mL 聚丙烯离心管中，冷却至 0~4℃，5000r/min 离心 10min（温度低于 15℃），用快速滤纸过滤，待净化。

3. 净化

准确吸取 10mL 提取液（相当于 1g 样品），以 1 滴/s 的速度过 HLB 固相萃取柱，待提取液完全流出后，一次用 5mL 水和 5mL 甲醇+水淋洗，弃去全部流出液。在 2.0kPa 以下减压抽干 5min，最后用 10mL 甲醇+乙酸乙酯洗脱。将洗脱液吹氮浓缩至干（温度低于 40℃），用 1.0mL（液相色谱-质谱法）或 0.5mL（高效液相色谱法）甲醇+三氟乙酸水溶液溶解残渣，过 0.45μm 滤膜，待测定。

4. 液相色谱-质谱法

(1) 液相色谱条件

色谱柱：Inertsil C8-3，150mm×2.1mm×5μm，或相当者；

流动相：甲醇+10mmol/L 三氟乙酸，梯度洗脱（具体参数见表 6-2）；

流速：300mL/min；

柱温：30℃；

进样量：30μL。

表 6-2   **分离 10 种四环素类药物的液相色谱洗脱梯度**

时间/min	甲醇/%	10mmol/L 三氟乙酸/%
0	5.0	95.0
5.0	30.0	70.0
10.0	33.5	66.5
12.0	65.0	35.0
17.5	65.0	35.0
18.0	5.0	95.0
25.0	5.0	95.0

资料来源：GB/T 21317—2007《动物源性食品中四环素类兽药残留量检测方法 液相色谱-质谱/质谱法与高效液相谱法》.

（2）质谱条件

离子化模式：电喷雾电离正离子模式（ESI+）；

质谱扫描方式：多反应检测（MRM）；

分辨率：单位分辨率；

雾化气（NEB）：6.00L/min（氮气）；

气帘气（CUR）：10.00L/min（氮气）；

喷雾电压（IS）：4500V；

去溶剂温度（TEM）：500℃；

去溶剂气流：7.00L/min（氮气）；

碰撞气（CAD）：6.00mL/min（氮气）。

四环素类药物的主要参考质谱参数见表 6-3。

表 6-3   **四环素类药物的主要参考质谱参数**

化合物	母离子（m/z）	子离子（m/z）	驻留时间/ms	碰撞电压/eV
二甲胺四环素	458	352	150	45
		441*	50	27
差向土霉素	461	426	50	31
		444*	50	25
土霉素	461	426	50	27
		443*	50	21
差向四环素	445	410*	50	29
		427	50	19
四环素	445	410*	50	29
		427	50	19

续表

化合物	母离子（m/z）	子离子（m/z）	驻留时间/ms	碰撞电压/eV
去甲基金霉素	465	430	50	31
		448*	50	25
差向金霉素	479	444	50	31
		462*	50	27
金霉素	479	444	50	33
		462*	50	27
甲烯土霉素	443	381	150	33
		426*	50	25
强力霉素	445	154	150	37
		428*	50	29

注：对于不同质谱仪器，仪器参数可能存在差异，测定前应将质谱参数优化到最佳；＊为定量离子。

资料来源：GB/T 21317—2007《动物源性食品中四环素类兽药残留量检测方法　液相色谱–质谱/质谱法与高效液相色谱法》.

（3）定性测定

①保留时间：待测样品中化合物色谱峰的保留时间与标准溶液相比变化范围应在±2.5%。

②信噪比：待测化合物的定性离子的重构离子色谱峰的信噪比应大于等于3（$S/N \geqslant 3$），定量离子的重构离子色谱峰的信噪比应大于等于10（$S/N \geqslant 10$）。

③定量离子、定性离子及子离子丰度比：每种化合物的质谱定性离子必须出现，至少应包括一个母离子和两个子离子，而且同一检测批次，对同一化合物，样品中目标化合物的两个子离子的相对丰度比与浓度相当的标准溶液相比，其最大允许偏差不超过表6-4规定的范围。

表 6-4	定性时相对离子丰度的最大允许偏差			单位：%
相对离子丰度	>50	>20~50	>10~20	≤10
允许的相对偏差	±20	±25	±30	±50

资料来源：GB/T 21317—2007《动物源性食品中四环素类兽药残留量检测方法　液相色谱–质谱/质谱法与高效液相色谱法》.

（4）定量测定　根据样液中被测四环素类兽药残留的含量情况，选定峰高相近的标准工作溶液。标准工作溶液和样液中四环素类兽药残留的响应值均应在仪器的检测线性范围内。对标准工作溶液和样液等体积参插进样测定。

5. 高效液相色谱法

（1）液相色谱条件

色谱柱：Inertsil C8-3，250mm×4.6mm×5μm，或相当者；

流动相：甲醇+乙腈+10mmol/L 三氟乙酸，洗脱梯度见表6-5（柱平衡时间5min）；

流速：300mL/min；

柱温：30℃；

进样量：30μL。

表 6-5   分离 7 种四环素类药物的液相色谱流动相洗脱梯度

时间/min	甲醇/%	乙腈/%	10mmol/L 三氟乙酸/%
0	1	4	95
5	6	24	70
9	7	28	65
12	0	35	65
15	0	35	65

资料来源：GB/T 21317—2007《动物源性食品中四环素类兽药残留量检测方法　液相色谱-质谱/质谱法与高效液相色谱法》.

（2）高效液相色谱测定　根据样液中被测四环素类兽药残留的含量情况，选定峰高相近的标准工作溶液。标准工作溶液和样液中四环素类兽药残留的响应值均应在仪器的检测线性范围内。对标准工作溶液和样液等体积参插进样测定。

6. 空白试验

除不加试样外，均按上述测定步骤进行。

五、实验结果与分析

1. 定性分析

测得样品溶液中未知组分的保留时间（t_R）分别与标准溶液在同一色谱柱上的保留时间（t_R）相比较，如果样品溶液中某组分的化合物色谱峰的保留时间与标准溶液相比变化范围在±2.5%，可认定为该兽药物质。

2. 定量结果计算

采用外标法定量，按式（6-4）计算四环素类兽药残留量：

$$X = \frac{A_x \times \rho_s \times V}{A_s \times m} \tag{6-4}$$

式中　X——样品中待测组分的含量，μg/kg；

    A_x——测定液中被测组分的峰面积；

    ρ_s——标准液中待测组分的含量，μg/L；

    V——定容体积，mL；

    A_s——标准液中待测组分的峰面积；

    m——最终样液所代表的样品质量，g。

计算结果保留 2 位有效数字，当结果大于 1mg/kg 时保留 3 位有效数字。

六、思考题

1. 调研抗生素在发酵食品原料中存在的现状。

2. 简述液相色谱-质谱仪的工作原理及适用范围。

3. 简述高效液相色谱的工作原理及适用范围。

实验五　鲜乳中抗生素残留的定性测定

　　牛乳被称为"白色血液"，是理想的天然食品，其中的乳蛋白含有人体几乎所有的必需氨基酸。近年来乳制品行业迅猛发展，人们对牛乳的安全营养提出了更高的要求。牛乳中的抗生素残留是影响乳制品质量安全的关键问题之一。抗生素作为防病、治病的药剂被广泛使用，其在乳制品中的残留概率也随之增加。对长期摄入抗生素残留超标的牛乳，相当于长期被动地服用小剂量的抗生素，使人体产生抗生素耐受，降低或抵消抗生素类的疗效。另外，对抗生素过敏体质的人如果饮用含有抗生素的牛乳，有可能出现过敏反应，轻者可引起荨麻疹、血压下降、呼吸困难等，严重的可导致休克甚至死亡。

　　大部分抗生素对热的稳定性高，牛乳加热杀菌无法将其破坏。抗生素残留检测可减少因乳制品中存在抗生素残留进入人体，导致人体内细菌对抗菌素的耐药性增加，减少因新型病菌所引起的人畜共患疾病的流行，减少因抗生素滥用对人体的潜在威胁，减少因质量管理低下造成的乳制品质量低下。

一、实验目的

　　了解鲜乳中抗生素残留量对人体的危害性，掌握抗生素残留量测定的方法和原理。

二、实验原理

　　氯化三苯四氮唑（TTC）试验是用来测定乳中有无抗生素的一种比较简易的方法。样品经过80℃杀菌后，添加嗜热链球菌菌液。培养一段时间后，嗜热链球菌开始增殖。这时候加入代谢底物2,3,5-氯化三苯四氮唑（TTC），若该样品中不含有抗生素或抗生素的浓度低于检测限，嗜热链球菌将继续增殖，将TTC还原成红色物质。相反，如果样品中含有高于检测限的抑菌剂，则嗜热链球菌受到抑制，因此指示剂TTC不还原仍为无色。

三、实验试剂与仪器

　　1. 试剂

　　（1）菌种　嗜热链球菌。

　　（2）灭菌脱脂乳　脱脂乳粉按100g/L加蒸馏水调制，经115℃ 20min灭菌。

　　（3）40g/L氯化三苯四氮唑水溶液　无菌称取1g TTC溶解于25mL灭菌蒸馏水中，装褐色瓶于4~10℃冰箱贮存，如溶液变为半透明的白色或淡褐色，则不能再用。也可先配制成200g/L溶液贮存，临用前取适量以灭菌蒸馏水5倍稀释（体积比）。TTC遇光会自动变色，故避光贮存。

　　（4）青霉素G参照溶液　称取青霉素G钾盐标准品，溶于无菌磷酸盐缓冲液中，使其浓度为100~1000IU/mL。再将该溶液用无菌的无抗生素的脱脂乳稀释至0.006IU/mL，分装于无菌小试管中，密封备用。

　　（5）抗生素、酸乳（新鲜）、乳样。

2. 主要仪器

（1）恒温培养箱。

（2）带盖恒温水浴锅。

（3）涡旋振荡器。

四、实验步骤

1. 活化菌种

取一接种环嗜热链球菌菌种，接种于 9mL 灭菌脱脂乳中，置（36±1）℃恒温培养箱中培养 12~15h 后，置 2~5℃冰箱保存备用。

2. 菌液制备

将经活化的嗜热链球菌菌种接种灭菌脱脂乳，（36±1）℃培养（15±1）h，加入相同体积的灭菌脱脂乳混匀稀释称为测试菌液。

3. 培养

取样品 9mL，置于 18mm×180mm 试管，每个检样做 2 份，另外再做阴性、阳性对照各 1 份，阳性对照管用 9mL 青霉素 G 参照溶液，阴性对照管用 9mL 灭菌脱脂乳。所有试管置于（80±2）℃水浴加热 5min，冷却至 37℃以下，加入测试菌液 1mL，轻轻旋转试管混匀。（36±1）℃水浴培养 2h，加 40g/L 的 TTC 0.3mL，涡旋混合 15s 或振荡试管混匀。（36±1）℃水浴避光培养 30min，观察颜色变化。如果颜色没有变化，于水浴中继续避光培养 30min 做最终观察。观察时要迅速，避免光照过久出现干扰。

五、实验结果与分析

在白色背景前观察，试管中样品呈乳的原色时，指示乳中有抗生素存在，为阳性结果。试管中样品呈红色为阴性结果。如最终观察现象仍为可疑，建议重新检测。

本方法检测抗生素的最低检出限为：青霉素 0.004IU，链霉素 0.5IU，庆大霉素 0.4IU，卡那霉素 5IU。

六、思考题

1. 简述牛乳中抗生素残留量测定的基本原理。

2. 检测牛乳中抗生素残留的方法除微生物检测法外，还有什么其他方法？

实验六　鲜乳和乳粉中聚醚类抗生素残留的定量测定

聚醚类抗生素（Polyether antibiotics）是由放线菌发酵液产生的离子载体类抗生素。此类化合物在化学结构上含有许多醚基和一个一元有机酸基，其中心由于含有并列的氧原子而带负电；外部主要由烃类组成，具有中性和疏水性。聚醚类抗生素用作广谱球虫抑制类药物，其作用机理如下：药物分子容易与 Na^+、K^+ 等离子结合生成亲脂性络合物，增加离子向球虫细胞内运输；为了平衡渗透压，大量水分进入球虫细胞内，导致球虫肿胀而死，因此也被称为离子载体类抗球虫药。

聚醚类抗生素作为高效、广谱抗球虫药和促生长剂，在兽医、畜牧业用途十分广泛。但过量使用聚醚类抗生素会导致动物产品中药物残留，严重危害人体健康。加拿大、中国、欧盟和美国等许多国家或国际组织制定了聚醚类抗生素残留限量。各国对动物源性产品中聚醚类抗生素的残留限量要求均低于 1.0mg/kg；欧盟规定牛乳中莫能霉素限量为 0.002mg/kg。因此，对这类药物残留量的监测，有助于保证畜禽产品的安全。

聚醚类抗生素残留检测，主要是针对莫能霉素和盐霉素的测定，其主要方法有液相色谱法、微生物法和分光光度法。由于聚醚类抗生素不具有紫外吸收官能团，液相色谱-紫外检测法需要衍生化。采用液相色谱-质谱法则不需要烦琐的衍生化，且避免了衍生化步骤带来的目标物损失，方法回收率和灵敏度大幅提高。本实验以液相色谱-串联质谱法（LC-MS/MS）检测鲜乳和乳粉中聚醚类抗生素残留。

一、实验目的

了解聚醚类抗生素的作用机理，掌握液相色谱-串联质谱法检测聚醚类抗生素的实验原理，掌握相应的实验技术。

二、实验原理

液相色谱-串联质谱法是现行兽药分析中最常用、最精确的仪器分析方法，也是很多生物检测方法的确证方法。其利用物质的特征离子和保留时间定性和定量，准确分析各种基质中的聚醚类抗生素。该法样品前处理相对单独的色谱法较简单，抗干扰能力强，灵敏度高。

试样中聚醚类抗生素，用乙腈提取、固相萃取柱净化、高效液相色谱-串联质谱仪测定，采用外标法定量。该方法的检出限能达到 0.1μg/kg。

三、实验试剂与仪器

1. 试剂

（1）市售生鲜乳样。

（2）水 GB/T 6682—2008《分析实验室用水规格和试验方法》，一级。

（3）乙腈 色谱纯。

（4）甲醇 色谱纯。

（5）正己烷 色谱纯。

（6）乙腈饱和的正己烷 取少量乙腈加入正己烷中，充分混匀。静止分层后，取上层正己烷。

（7）甲酸 优级纯。

（8）乙酸铵 优级纯。

（9）无水硫酸钠 用前在650℃灼烧4h；置于干燥器中冷却后备用。

（10）水系流动相 1mL甲酸与0.385g乙酸铵溶于1000mL水，混匀，当天配制。

（11）甲醇溶液（1+1）   100mL 甲醇与 100mL 水混合均匀。

（12）拉沙洛菌素、莫能霉素、尼日利亚菌素、盐霉素、甲基盐霉素、马杜霉素铵样品   纯度大于等于 95%。

（13）标准储备溶液   准确称取适量的每种标准物质（试剂 12），分别用甲醇（试剂 4）配制成质量浓度为 1mg/mL 标准储备溶液，−18℃贮存。

（14）标准工作溶液   吸取 1.00mL 标准储备溶液（试剂 13），移入 100mL 棕色容量瓶，用甲醇定容，该溶液质量浓度为 10μg/mL，0~4℃贮存。

（15）Oasis HLB 固相萃取小柱或相当者   3L（60g）。使用前依次用 3L 甲醇和 5L 水活化小柱，保持柱体湿润。

2. 主要仪器

（1）液相色谱仪–串联质谱联用仪，配有电喷雾离子源（ESI 源）。

（2）滤膜   0.2μm。

（3）涡旋振荡器。

（4）振荡器。

（5）自动浓缩仪或相当者。

（6）固相萃取装置。

（7）氮气吹干仪。

四、实验步骤

1. 试样制备与保存

取出有代表性样品约 1kg，充分混匀，均分成 2 份，分别装入洁净容器内。密封后作为试样，标明标记。将试样于 4℃保存。

2. 提取

（1）牛乳样品   称取 10.0g 混匀的试样于 50mL 聚丙烯离心管中，加无水硫酸钠 10g 和乙腈 20mL，涡旋 1min，振荡 10min，以 3000r/min 离心 3min，取出上层清液。用 20mL 乙腈重复提取一次，合并上清液。加 10mL 乙腈饱和的正己烷，涡旋 1min，弃去正己烷，减压浓缩至近干。用 4mL 甲醇溶液（1+1）溶解残渣，待净化。

（2）乳粉样品   称取 12.5g 乳粉于烧杯中，加适量 35~50℃水将其溶解，待冷却至室温后，用水定容至 10mL，充分混匀。量取 10.0g 样品溶液于 50mL 聚丙烯离心管中，按牛乳样品步骤提取。

3. 净化

将步骤 2 所得的样品溶液加载到固相萃取柱中，并用 2mL 甲醇溶液（1+1）淋洗浓缩瓶，并入固相萃取柱，依次用 5mL 水和 3mL 甲醇溶液（1+1）淋洗柱体，4mL 甲醇溶液（1+1）洗脱。用氮气吹干仪将洗脱液吹干，用 1.0mL 甲醇溶液（1+1）溶解，过 0.2μm 滤膜，供液相色谱–串联质谱测定。

4. 基质标准工作溶液的制备

称取 6 份阴性样品各 10.0g，置于 50mL 具塞的聚丙烯管中，分别加入不同体积的 6 种聚醚类抗生素的标准工作溶液，按步骤 1 操作。制备成 1.0ng/mL，5.0ng/mL，10.0ng/mL，20.0ng/mL，50.0ng/mL，100.0ng/mL 的基质标准工作溶液。

5. 测定条件

（1）液相色谱参考条件

色谱柱：BEHC$_{18}$，50mm×2.1mm×1.7μm 或相当者；

柱温：40℃；

进样量：5.0μL；

流动相 A：甲醇；

流动相 B：水系流动相。

梯度洗脱程序及流速见表6-6。

表6-6　　　　　　　　　　　流动相梯度洗脱程序及流速

时间/min	流速/（μL/min）	流动相 A/%	流动相 B/%
0.00	250	90.0	10.0
2.00	250	70.0	30.0
2.01	250	90	10.0
2.50	250	90	10.0

资料来源：GB/T 22983—2008《牛奶和奶粉中六种聚醚类抗生素残留量的测定　液相色谱-串联质谱法》.

（2）串联质谱参考条件

离子源：电喷雾离子源；扫描方式：正离子扫描；检测方式：多反应监测；毛细管电压：2.8kV；离子源温度：110℃；去溶剂气温度：380℃；去溶剂气（氮气）流量：600L/h；锥孔气（氮气）流量：50L/h；碰撞气流量：0.1L/h；锥孔电压、碰撞能量和保留时间等质谱参数及母离子和子离子见表6-7。

表6-7　　　　　　　　　　六种聚醚类抗生素的质谱参数和保留时间

化合物名称	保留时间/min	母离子（m/z）	子离子（定量）（m/z）	子离子（定性）（m/z）	碰撞能量/V	保留时间/ms	锥孔电压/V
拉沙洛菌素	1.48	613.5	377.1	377.1	28	50	72
				595.3	38		
莫能霉素	1.23	693.5	675.6	675.6	51	50	65
				479.3	40		
尼日利亚菌素	1.76	742.7	657.6	657.6	30	50	42
				461.4	25		
盐霉素	1.55	773.6	431.3	431.3	50	50	65
				531.5	48		
甲基盐霉素	1.85	787.6	431.3	431.3	45	50	70
				531.5	48		
马杜霉素铵	1.38	939.6	877.4	877.4	30	50	38
				896.3	30		

资料来源：GB/T 22983—2008《牛奶和奶粉中六种聚醚类抗生素残留量的测定　液相色谱-串联质谱法》.

6. 测定

（1）定性测定　样品溶液按照液相色谱-质谱分析条件进行测定时，如果检出的质量色谱峰保留时间与基质标准溶液中对应物质的保留时间一致，并且在扣除背景后的样品质谱图中，子离子的相对丰度与浓度接近的、相同条件下所得到的基质标准溶液谱图相比，误差不超过表 6-8 规定的范围，则可以判断样品中存在对应的被测物质。

表 6-8	定性确证时相对离子丰度的最大允许偏差			单位：%
相对离子丰度 K	$K > 50$	$20 < K \leqslant 50$	$10 < K \leqslant 20$	$K \leqslant 10$
允许的相对偏差	±25	±25	±30	±50

资料来源：GB/T 22983—2008《牛奶和奶粉中六种聚醚类抗生素残留量的测定　液相色谱-串联质谱法》.

（2）定量测定　根据样品中被测物质的含量情况，选取峰面积相近的标准工作溶液一起进行液相色谱-质谱分析。标准工作溶液和待测样液中聚醚类抗生素的响应值均应在检测的线性范围内。对标准工作溶液和待测样液等体积参插进样测定。在上述液相色谱-串接质谱分析条件下，6 种被测物质的保留时间见表 6-7。

五、实验结果与分析

聚醚类抗生素残留量的测定按式（6-5）计算：

$$X = \rho \times \frac{V}{m} \times \frac{1000}{1000} \tag{6-5}$$

式中　X——试样中被测组分残留量，$\mu g/L$ 或 $\mu g/kg$；

　　　ρ——从标准工作曲线上得到的被测组分含量，ng/mL；

　　　V——样品溶液定容体积，mL；

　　　m——样品溶液所代表试样的体积或质量，mL 或 g。

计算结果应扣除空白值。

六、思考题

1. 调研抗生素在传统发酵食品原料中存在的现状。
2. 简述液相色谱-串联质谱法工作原理及适用范围。
3. 简述聚醚类抗生素的作用机理。
4. 简述并分析液相色谱-串联质谱法测定聚醚类抗生素的优缺点。

实验七　稻米中重金属锡的测定

锡，金属元素，一种有银白色光泽的低熔点的金属元素，在化合物内是二价或四价，不会被空气氧化，元素符号 Sn，相对原子质量 118.71，熔点 231.89℃，微溶于水。锡是人体必需微量元素之一，但摄入过多会引起中毒；它是罐头、炼乳等食品的卫生指标之一，主要来源于抗菌剂、农业杀虫剂、除草剂。1988 年 FAO/WHO、JECFA 专家会议推荐锡的人体允许摄入量为每周 14mg/kg 体重。

锡及其化合物在工业、农业等方面应用极为广泛，如用于生产塑料、工业催化剂、农业杀虫剂及船体防腐剂等，同时产生的环境问题也日益严重。锡本身是无毒的金属，它的化合物有无机锡和有机锡 2 种。无机锡多数低毒或微毒，少数无机锡对动物有明显毒性；有机锡种类不同，其毒性与物理化学性质主要取决于锡结合的有机基团数目和结合方式。有机锡主要危害包括干扰哺乳动物的内分泌、损害人体中枢神经系统和肝脏、抑制胸腺和淋巴系统、妨害细胞免疫性、引起糖尿病和高血脂病等；对人体皮肤、呼吸道和角膜有刺激作用；对生物体具有生殖毒性和致畸变性等。

在食品行业中，锡主要随原料进入产品，极少在加工过程中引入。稻米是我国重要的粮食资源，但由于种植区域重金属污染等问题，有可能会引起稻米生长过程富集大量的锡元素，这些富集了锡元素的稻米会随着加工、销售、使用整个产业链而进入人体，锡元素的大量摄入会导致重金属中毒，危害人体健康。稻米也是我国发酵食品产业主要的原料之一。为了进一步确保发酵食品产业链的安全，降低锡中毒的风险，需要建立完善稻米中重金属锡的检测体系，争取从原料接收环节就严格监管，进而保障食品安全。

一、实验目的

了解人体摄入过量锡的危害性，学习苯芴酮比色法测定稻米（大米、糯米、红米）中重金属锡的实验原理，掌握相应的实验技术。

二、实验原理

强酸条件可使食品中的 C、H、O、S 等非待测组分完全氧化，并以气态逸出，重金属元素形成高价态的离子以游离状态存在于消化液中。试样经强酸消化后，在弱酸性溶液中 Sn^{4+} 与苯芴酮反应形成微溶性橙红色络合物，在保护性胶体存在下，可与标准系列溶液比较定量。

三、实验试剂与仪器

1. 试剂

（1）100g/L 酒石酸溶液　称取 100g 酒石酸溶于水中，移入 1L 的容量瓶中，定容至刻度线，摇匀。

（2）10g/L 抗坏血酸溶液　称取 10g 抗坏血酸溶于水中，移入 1L 的容量瓶中，定容至刻度线，摇匀。

（3）5g/L 动物胶溶液　称取 5g 动物胶溶于 1L 水，临用时配制。

（4）氨溶液（1+1）　量取 100mL 氨水加入 100mL 水中，混匀。

（5）硫酸溶液（1+9）　量取 10mL 硫酸，搅拌下缓缓倒入 90mL 水中，混匀。

（6）0.1g/L 苯芴酮溶液　称取 0.01g 苯芴酮加少量甲醇及数滴硫酸溶解，以甲醇稀释至 100mL。

（7）酚酞指示液　称取 1.0g 酚酞，用乙醇溶解至 100mL。

（8）1.0mg/mL 锡标准溶液　称取 0.1g 金属锡标准品，置于小烧杯中，加入 10mL

硫酸，盖以表面皿，加热至锡完全溶解，移去表面皿，继续加热至产生浓白烟，冷却，慢慢加入 50mL 水，移入 100mL 容量瓶中，用硫酸溶液（1+9）多次洗涤烧杯，洗液并入容量瓶中，并稀释至刻度，混匀。

2. 主要仪器

分光光度计。

四、实验步骤

1. 锡标准使用液

吸取 10.0mL 锡标准溶液，置于 100mL 容量瓶中，以硫酸溶液（1+9）稀释至刻度，混匀。按上述操作再次稀释至每毫升相当于 10.0μg 锡。

2. 试样制备

（1）试样消化　称取试样 1.0~5.0g 于锥形瓶中，加入 20.0mL 硝酸-高氯酸混合溶液（4+1），加 1.0mL 硫酸，3 粒玻璃珠，放置过夜。次日置电热板上加热消化，如酸液过少，可适当补加硝酸，继续消化至冒白烟，待液体体积近 1mL 时取下冷却。用水将消化试样转入 50mL 容量瓶中，加水定容至刻度，摇匀备用。同时做空白试验（如试样液中锡含量超出标准曲线范围，则用水进行稀释，并补加硫酸，使最终定容后的硫酸浓度与标准系列溶液相同）。

（2）试样滴定　吸取 1.00~5.00mL 试样消化液和同量的试剂空白溶液，分别置于 25mL 比色管中。于试样消化液、试剂空白液中各加 100g/L 酒石酸溶液 0.5mL 及酚酞指示液 1 滴，混匀，各加氨溶液（1+1）中和至淡红色，加硫酸溶液（1+1）3.0mL、5g/L 动物胶溶液 1.0mL 及 10g/L 抗坏血酸溶液 2.5mL，再加水至 25mL，混匀，再各加 0.1g/L 苯芴酮溶液 2.0mL，混匀，放置 1h 后测量。

3. 标准曲线的制作

吸取 0mL，0.2mL，0.4mL，0.6mL，0.8mL，1.0mL 锡标准使用液（相当于 0μg，2.0μg，4.0μg，6.0μg，8.0μg，10.0μg 锡），分别置于 25mL 比色管中，各加 100g/L 酒石酸溶液 0.5mL 及酚酞指示液 1 滴，混匀，各加氨溶液（1+1）中和至淡红色，加硫酸溶液（1+9）3.0mL、5g/L 动物胶溶液 1.0mL 及 10g/L 抗坏血酸溶液 2.5mL，再加水至 25mL，混匀，再各加苯芴酮溶液 2.0mL，混匀，放置 1h 后测量。于 490nm 处测吸光度，标准各点减去零管吸光度后，以标准系列溶液的含量为横坐标，以吸光度为纵坐标，绘制标准曲线。

4. 试样溶液的测定

用以标准系列溶液调节零点，于波长 490nm 处分别对试剂空白溶液和试样溶液测定吸光度，代入回归方程求出含量。

五、实验结果与分析

试样中锡的含量按式（6-6）进行计算：

$$X = \frac{(m_1 - m_2) \times V_1}{m_3 \times V_2} \tag{6-6}$$

式中　X——试样中锡的含量，mg/kg 或 mg/L；

m_1——测定用试样消化液中锡的质量，μg；

m_2——试剂空白液中锡的质量，μg；

m_3——试样质量，g；

V_1——试样消化液的定容体积，mL；

V_2——测定用试样消化液的体积，mL。

计算结果保留 2 位有效数字。

注：当取样量为 1.0g，取消化液 5.0mL 测定时，本方法定量限为 20mg/kg。

六、思考题

1. 利用苯芴酮比色法检测重金属锡，抗坏血酸和酒石酸的作用是什么？
2. 检测稻米中重金属锡的含量除苯芴酮比色法外，还有什么其他方法？
3. 实验过程中试样消化的反应原理是什么？为什么试样需要进行消化处理？

实验八　稻米中重金属铅的测定

铅，是一种高密度、柔软的蓝灰色金属，原子序数为 82，相对原子质量 207.2，熔点 327℃，沸点 1750℃，当温度超过 400℃时即有大量铅蒸气逸出，在空气中迅速氧化成氧化铅。铅是一种蓄积性很强的重金属元素，即使是微量存在，对人体也会产生极大的损害，能够影响人体的神经系统、心血管系统、骨骼系统、生殖系统和免疫系统的正常功能，引起胃肠道、肝肾和脑的疾病，且铅中毒的危害为终身性的。世界卫生组织（WHO）对人体每周的铅摄入量有严格限量标准，即不得超过 0.025mg/kg 体重。

随着现代工业的发展，工业"三废"的排放，重金属铅可能通过土壤、空气、水等各种途径进入生态系统中；食品原材料在生长、生产、流通及加工过程有可能受到铅污染；含铅农药的过量使用易导致农作物中铅含量超标，尤其是在土壤中难降解，导致即使不施加农药仍会检测出铅的存在。铅元素主要是随原料进入食品加工过程的，因此生产食品原料时需要加强对铅的监测。

稻米的种植受到水源、土地等主要环境因素制约，若铅元素污染了水源、土地等，铅可依靠生物链进入稻米体内，并且在其中富集，导致稻米铅含量超标。若没有监管，铅含量超标的稻米及其产品被人所食用，过量的铅元素会在人体内富集，严重影响身体各系统的运作，引起严重的疾病。加强稻米中的铅元素监管，有利于保障食品安全。

一、实验目的

了解食品中铅对人体的危害，学习二硫腙比色法测定稻米（大米、糯米、红米）中重金属铅的实验原理，掌握相应的实验技术。

二、实验原理

本试验采用二硫腙比色法测定稻米中重金属铅。试样经消化后，在 pH 8.5~9.0 时，铅离子与二硫腙生成红色络合物，溶于三氯甲烷。加入柠檬酸铵、氰化钾和盐酸羟胺等，防止铁、铜、锌等离子干扰，于波长 510nm 处测定吸光度，与标准系列比较，可定量分析试样中铅元素的含量。

三、实验试剂与仪器

1. 试剂

（1）硝酸溶液（5+95）　量取 50mL 硝酸，缓慢加入到 950mL 水中，混匀。

（2）硝酸溶液（1+9）　量取 50mL 硝酸，缓慢加入到 450mL 水中，混匀。

（3）氨水溶液（1+1）　量取 100mL 氨水，加入 100mL 水，混匀。

（4）氨水溶液（1+99）　量取 10mL 氨水，加入 990mL 水，混匀。

（5）盐酸溶液（1+1）　量取 100mL 盐酸，加入 100mL 水，混匀。

（6）1g/L 酚红指示液　称取 0.1g 酚红，用少量乙醇多次溶解后移入 100mL 容量瓶中并定容至刻度，混匀。

（7）0.5g/L 二硫腙–三氯甲烷溶液　称取 0.5g 二硫腙，用三氯甲烷溶解，并定容至 1000mL，混匀，保存于 0~5℃下，必要时用下述方法纯化。

称取 0.5g 研细的二硫腙，溶于 50mL 三氯甲烷中，如不全溶，可用滤纸过滤于 250mL 分液漏斗中，用氨水溶液（1+99）提取 3 次，每次 100mL，将提取液用棉花过滤至 500mL 分液漏斗中，用盐酸溶液（1+1）调至酸性，将沉淀出的二硫腙用三氯甲烷提取 2~3 次，每次 20mL，合并三氯甲烷层，用等量水洗涤两次，弃去洗涤液，在 50℃ 水浴上蒸去三氯甲烷。精制的二硫腙置硫酸干燥器中，干燥备用。或将沉淀出的二硫腙用 200mL、200mL、100mL 三氯甲烷提取 3 次，合并三氯甲烷层为二硫腙–三氯甲烷溶液。

（8）200g/L 盐酸羟胺溶液　称 20g 盐酸羟胺，加水溶解至 50mL，加 2 滴 1g/L 酚红指示液，加氨水溶液（1+1），调 pH 至 8.5~9.0（由黄变红，再多加 2 滴），用 0.5g/L 二硫腙–三氯甲烷溶液提取至三氯甲烷层绿色不变为止，再用三氯甲烷洗 2 次，弃去三氯甲烷层，水层加盐酸溶液（1+1）至呈酸性，加水至 100mL，混匀。

（9）200g/L 柠檬酸铵溶液　称取柠檬酸铵 50g，溶于 100mL 水中，加 2 滴 1g/L 酚红指示液，加氨水溶液（1+1），调 pH 至 8.5~9.0，用 0.5g/L 二硫腙–三氯甲烷溶液提取数次，每次 10~20mL，至三氯甲烷层绿色不变为止，弃去三氯甲烷层，再用三氯甲烷洗 2 次，每次 5mL，弃去三氯甲烷层，加水稀释至 250mL，混匀。

（10）100g/L 氰化钾溶液　称取 10g 氰化钾，用水溶解后稀释至 100mL，混匀。

（11）二硫腙使用液　吸取 0.5g/L 二硫腙–三氯甲烷溶液 1.0mL，加三氯甲烷至 10mL，混匀。用 1cm 比色杯，以三氯甲烷调节零点，于波长 510nm 处测吸光度（A），用式（6-7）算出配制 100mL 二硫腙使用液（70%透光率）所需 0.5g/L 二硫腙–三氯甲烷溶液的体积（V），量取经计算所得体积的二硫腙–三氯甲烷溶液，用三氯甲烷稀释至 100mL。

$$V = \frac{10 \times (2 - \lg 70)}{A} = \frac{1.55}{A} \tag{6-7}$$

（12）标准品硝酸铅　纯度>99.99%；或经国家认证并授予标准物质证书的。

（13）1000mg/L 铅标准储备液　准确称取 1.5985g 硝酸铅，用少量硝酸溶液（1+9）溶解，移入 1000mL 容量瓶，加水至刻度，混匀。

（14）10.0mg/L 铅标准使用液　准确吸取铅标准储备液 1.00mL 于 100mL 容量瓶中，加硝酸溶液（5+95）至刻度，混匀。

注意：所有玻璃器皿均需硝酸（1+5）浸泡过夜，用自来水反复冲洗，最后用水冲洗干净。

2. 主要仪器

（1）分光光度计。

（2）可调式电热炉或可调式电热板。

四、实验步骤

1. 试样制备

样品去除杂物后，粉碎，储于塑料瓶中。

2. 试样前处理

称取固体试样 0.2~3g 或移取液体试样 0.500~5.00mL 于带刻度消化管中，加入 10mL 硝酸和 0.5mL 高氯酸，在可调式电热炉上消解（参考条件：120℃/0.5~1h；升至 180℃/2~4h，升至 200~220℃）。若消化液呈棕褐色，再加少量硝酸，消解至冒白烟，消化液呈无色透明或略带黄色，取出消化管，冷却后用水定容至 10mL，混匀备用。同时做试剂空白试验。也可采用锥形瓶，于可调式电热板上，按上述操作方法进行湿法消解。

3. 标准曲线的制作

吸取 0mL，0.100mL，0.200mL，0.300mL，0.400mL 和 0.500mL 铅标准使用液（相当于 0μg，1.00μg，2.00μg，3.00μg，4.00μg 和 5.00μg 铅）分别置于 125mL 分液漏斗中，各加硝酸溶液（5+95）至 20mL。再各加 2mL 200g/L 柠檬酸铵溶液、1mL 200g/L 盐酸羟胺溶液和 2 滴酚红指示液，用氨水溶液（1+1）调至红色，再各加 2mL 100g/L 氰化钾溶液，混匀。各加 5mL 二硫腙使用液，剧烈振摇 1min，静置分层后，三氯甲烷层经脱脂棉滤入 1cm 比色杯中，以三氯甲烷调节零点于波长 510nm 处测吸光度，以铅的质量为横坐标，吸光度为纵坐标，制作标准曲线。

4. 试样溶液的测定

将试样溶液及空白溶液分别置于 125mL 分液漏斗中，各加硝酸溶液至 20mL。于消解液及试剂空白液中各加 2mL 200g/L 柠檬酸铵溶液、1mL 200g/L 盐酸羟胺溶液和 2 滴酚红指示液，用氨水溶液（1+1）调至红色，再各加 2mL（100g/L）氰化钾溶液，混匀。各加 5mL 二硫腙使用液，剧烈振摇 1min，静置分层后，三氯甲烷层经脱脂棉滤入 1cm 比色杯中，于波长 510nm 处测吸光度，与标准系列比较定量。

五、实验结果与分析

试样中铅的含量按式（6-8）进行计算：

$$X = \frac{m_1 - m_0}{m_2} \tag{6-8}$$

式中 X——试样中铅的含量，mg/kg 或 mg/L；

m_0——空白溶液中铅的质量，μg；

m_1——试样溶液中铅的质量，μg；

m_2——试样称样量或移取体积，g 或 mL。

当铅含量 ≥ 10.0mg/kg（或 mg/L）时，计算结果保留 3 位有效数字；当铅含量 < 10.0mg/kg（或 mg/L）时，计算结果保留 2 位有效数字。

注：以称样量 0.5g（或 0.5mL）计算，方法的检出限为 1mg/kg（或 1mg/L），定量限为 3mg/kg（或 3mg/L）。

六、思考题

1. 二硫腙比色法测定食品中铅含量时的干扰因素有哪些？
2. 检测稻米中重金属铅的含量除二硫腙比色法外，还有什么其他方法？
3. 二硫腙-三氯甲烷溶液、盐酸羟胺溶液、柠檬酸铵溶液、氰化钾溶液这几种溶液在实验中的作用分别是什么？

实验九　稻米中重金属镉的测定

镉是银白色有光泽的金属，熔点 320.9℃，沸点 765℃，有韧性和延展性。镉在潮湿空气中缓慢氧化并失去金属光泽，加热时表面形成棕色的氧化物层，若加热至沸点以上，则会产生氧化镉烟雾。高温下镉与卤素反应激烈，形成卤化镉。也可与硫直接化合，生成硫化镉。镉可溶于酸，但不溶于碱。镉的氧化态为+1、+2。氧化镉和氢氧化镉的溶解度都很小，它们溶于酸，但不溶于碱。

镉是对植物和人类都具有高度毒性的重金属元素。近年来，由于工业"三废"不合理排放、固体废弃物处理不善、污水灌溉、污泥农用以及施用含有重金属元素的肥料等原因，导致土壤中重金属镉含量剧增，镉污染问题日益严重。镉在人体内的半衰期为 10~35 年，主要通过食物链进入人体内。镉进入人体后主要在肾脏积累，并在体内不断富集。即使低水平的慢性镉摄入，同样会对人体的骨骼和呼吸系统造成危害，引起一系列疾病。因此，世界卫生组织已将镉划为一级致癌物质。水稻作为食物链的初级生产者，当生长于有毒重金属污染的土壤中时，过量的有毒重金属在其根、茎、叶以及籽粒中大量积累，不仅阻碍水稻的正常生长发育，而且严重影响稻米品质，进而危及人体健康。

镉具有强大的毒性，由于在人体内代谢较慢，因此被镉污染的空气和食物对人体危害严重。在 1955—1977 年，日本发生因镉中毒而出现"痛痛病"的公害事件。稻米镉超标一直是最为常见的重金属污染问题，并且在近年来屡见不鲜。为了减少镉元素超标的稻米流入市场，我国需要加强对稻米镉元素的检测，严格的检测监管制度是食品安全的重要保障。

一、实验目的

了解食品中镉对人体的危害，学习石墨炉原子吸收光谱测定方法测定稻米（大米、糯米、红米）中重金属镉的实验原理，掌握相应的实验技术。

二、实验原理

原子吸收光谱法（AAS）是利用自由状态的气体原子能够吸收同类原子，从而呈现与之相应的辐射特征谱线。石墨炉原子吸收光谱法以石墨作为其中的管材，凭借电流加热的方式来促成原子化的转变，进而开展全方位的原子吸收分析。石墨炉的检测方法设有较低的检出限，因此能够灵活适用于检测多种多样的超微量元素。与此同时，运用石墨炉来辅助实现原子吸收检测也体现了较高的灵敏度，简化的检测流程和较低的检测成本。从现状来看，运用石墨炉辅助实现原子吸收检测仅限于单一元素的测定。

本试验通过石墨炉原子吸收光谱法测定稻米中镉的含量。试样经灰化或酸消解后，注入一定量样品消化液于原子吸收分光光度计中，电热原子化后吸收 228.8nm 共振线，在一定浓度范围内，其吸光度与镉含量成正比，采用标准曲线法定量。

三、实验试剂与仪器

1. 试剂

（1）1%硝酸溶液　取 10.0mL 硝酸加入 100mL 水中，稀释至 1000mL。

（2）盐酸溶液（1+1）　取 50mL 盐酸慢慢加入 50mL 水中。

（3）硝酸–高氯酸混合溶液（9+1）　取 9 份硝酸与 1 份高氯酸混合。

（4）10g/L 磷酸二氢铵溶液　称取 10.0g 磷酸二氢铵，用 100mL 1%硝酸溶液溶解后定量移入 1000mL 容量瓶，用 1%硝酸溶液定容至刻度。

（5）标准品　金属镉标准品，纯度为 99.99%；或经国家认证并授予标准物质证书的标准物质。

（6）1000mg/L 镉标准储备液　称取 1g 金属镉标准品（精确至 0.0001g）于小烧杯中，分次加 20mL 盐酸溶液（1+1）溶解，加 2 滴硝酸，移入 1000mL 容量瓶中，用水定容至刻度，混匀；或经国家认证并授予标准物质证书的标准物质。

注：所用玻璃仪器均需以硝酸溶液（1+4）浸泡 24h 以上，用水反复冲洗，最后用去离子水冲洗干净。

2. 主要仪器

（1）原子吸收分光光度计，附石墨炉。

（2）镉空心阴极灯。

（3）可调温式电热板，可调温式电炉。

（4）马弗炉。

（5）压力消解器，压力消解罐。

（6）微波消解系统　配聚四氟乙烯或其他合适的压力罐。

四、实验步骤

1. 标准溶液配制

（1）100ng/mL 镉标准使用液 吸取镉标准储备液 10.0mL 于 100mL 容量瓶中，用 1%硝酸溶液定容至刻度，如此经多次稀释成每毫升含 100.0ng 镉的标准使用液。

（2）镉标准曲线工作液 吸取镉标准使用液 0mL，0.50mL，1.0mL，1.5mL，2.0mL，3.0mL 于 100mL 容量瓶中，用 1%硝酸溶液定容至刻度，即得到含镉量分别为 0ng/mL，0.50ng/mL，1.0ng/mL，1.5ng/mL，2.0ng/mL，3.0ng/mL 的标准系列溶液。

2. 试样制备

粮食，豆类，去除杂质；磨碎成均匀的样品，颗粒度不大于 0.425mm。贮于洁净的塑料瓶中，并标明标记，于室温下或按样品保存条件保存备用。

3. 试样消解

可根据实验室条件选用以下任何一种方法消解，称量时应保证样品的均匀性：

（1）压力消解罐消解法 称取干试样 0.3~0.5g（精确至 0.0001g）于聚四氟乙烯内罐，加硝酸 5mL 浸泡过夜。再加 30%过氧化氢溶液 2~3mL（总量不能超过罐容积的 1/3）。盖好内盖，旋紧不锈钢外套，放入恒温干燥箱，120~160℃保持 4~6h，在箱内自然冷却至室温，打开后加热赶酸至近干，将消化液洗入 10mL 或 25mL 容量瓶中，用少量 1%硝酸溶液洗涤内罐和内盖 3 次，洗液合并于容量瓶中并用 1%硝酸溶液定容至刻度，混匀备用；同时做试剂空白试验。

（2）微波消解 称取干试样 0.3~0.5g（精确至 0.0001g），置于微波消解罐中，加 5mL 硝酸和 2mL 30%过氧化氢。微波消化程序可以根据仪器型号调至最佳条件。消解完毕，待消解罐冷却后打开，消化液呈无色或淡黄色，加热赶酸至近干，用少量 1%硝酸溶液冲洗消解罐 3 次，将溶液转移至 10mL 或 25mL 容量瓶中，并用 1%硝酸溶液定容至刻度，混匀备用；同时做试剂空白试验。

（3）湿式消解法 称取干试样 0.3~0.5g（精确至 0.0001g）于锥形瓶中，放数粒玻璃珠，加 10mL 硝酸-高氯酸混合溶液（9+1），加盖浸泡过夜，加一小漏斗在电热板上消化，若变棕黑色，再加硝酸，直至冒白烟，消化液呈无色透明或略带微黄色，放冷后将消化液洗入 10mL 或 25mL 容量瓶中，用少量 1%硝酸溶液洗涤锥形瓶 3 次，洗液合并于容量瓶中并用 1%硝酸溶液定容至刻度，混匀备用；同时做试剂空白试验。

（4）干法灰化 称取 0.3~0.5g 干试样（精确至 0.0001g）于瓷坩埚中，先小火在可调式电炉上炭化至无烟，移入马弗炉 500℃灰化 6~8h，冷却。若个别试样灰化不彻底，加 1mL 混合酸在可调式电炉上小火加热，将混合酸蒸干后，再转入马弗炉中 500℃继续灰化 1~2h，直至试样消化完全，呈灰白色或浅灰色。放冷，用 1%硝酸溶液将灰分溶解，将试样消化液移入 10mL 或 25mL 容量瓶中，用少量 1%硝酸溶液洗涤瓷坩埚 3 次，洗液合并于容量瓶中并用 1%硝酸溶液定容至刻度，混匀备用；同时做试剂空白实验。

注意：实验要在通风良好的通风橱内进行。对含油脂的样品，尽量避免用湿式消解法消化，最好采用干法灰化，如果必须采用湿式消解法消化，样品的取样量最大不能超过 1g。

4. 仪器参考条件

根据所用仪器型号，将仪器调至最佳状态。原子吸收分光光度计（附石墨炉及镉空心阴极灯）测定参考条件如下：

波长 228.8nm，狭缝 0.2~1.0nm，灯电流 2~10mA，干燥温度 105℃，干燥时间 20s；

灰化温度 400~700℃，灰化时间 20~40s；

原子化温度 1300~2300℃，原子化时间 3~5s；

背景校正为氘灯或塞曼效应。

5. 标准曲线的制作

将标准曲线工作液按浓度由低到高的顺序各取 20μL 注入石墨炉，测其吸光度，以标准曲线工作液的浓度为横坐标，相应的吸光度为纵坐标，绘制标准曲线并求出吸光度与浓度关系的一元线性回归方程。标准系列溶液应不少于 5 个点的不同浓度的镉标准溶液，相关系数不应小于 0.995。如果有自动进样装置，也可用程序稀释来配制标准系列。

6. 试样溶液的测定

于测定标准曲线工作液相同的实验条件下，吸取样品消化液 20μL（可根据使用仪器选择最佳进样量），注入石墨炉，测其吸光度。代入标准系列的一元线性回归方程中求样品消化液中镉的含量，平行测定次数不少于 2 次。若测定结果超出标准曲线范围，用 1%硝酸溶液稀释后再行测定。

7. 基体改进剂的使用

对有干扰的试样，和样品消化液一起注入石墨炉 5μL 基体改进剂 10g/L 磷酸二氢铵溶液，绘制标准曲线时也要加入与试样测定时等量的基体改进剂。

五、实验结果与分析

试样中镉的含量按式（6-9）进行计算：

$$X = \frac{(\rho_1 - \rho_0) \times V}{m \times 1000} \tag{6-9}$$

式中　X——试样中镉的含量，mg/kg 或 mg/L；

ρ_1——试样消化液中镉含量，ng/mL；

ρ_0——空白液中镉含量，ng/mL；

V——试样消化液定容总体积，mL；

m——试样质量或体积，g 或 mL；

1000——换算系数。

以重复性条件下获得的 2 次独立测定结果的算术平均值表示，结果保留 2 位有效数字。

注：方法检出限为 0.001mg/kg，定量限为 0.003mg/kg。

六、思考题

1. 石墨炉原子吸收光谱测定方法有什么优缺点？

2. 检测食品中重金属，除石墨炉原子吸收光谱检测方法外，还有其他什么方法？其优缺点是什么？

3. 是否存在着其他金属杂质干扰实验结果？如有，为什么会出现这种现象？

第七章 CHAPTER

7

发酵食品中有害微生物的检测

发酵食品是经过微生物发酵并加工制造的一类食品，如酸乳、乳酪、酒酿、泡菜、酱油、食醋、豆豉、腐乳、黄酒、啤酒、葡萄酒等。在发酵食品加工制造的过程中，由于卫生条件差、操作不当等原因会导致有害微生物的污染，影响发酵食品风味，破坏其营养价值，也会导致严重的食品安全问题。目前导致发酵食品安全问题的主要有害微生物有大肠杆菌、黄曲霉、酵母菌、沙门氏菌、蜡样芽孢杆菌、金黄色葡萄球菌等。及时准确地检测发酵食品中的有害微生物，是保障发酵食品质量与安全的重要环节。本章主要简述发酵食品中大肠菌群、沙门氏菌、蜡样芽孢杆菌等有害微生物的测定方法。

实验一　发酵食品中菌落总数的测定

菌落总数就是指在一定条件下（如需氧情况、营养条件、pH、培养温度和时间等）每克（每毫升）检样所生长出来的细菌菌落总数。在发酵食品中存在着大量的微生物，虽然菌落总数不能直接反应发酵食品的污染情况，但是可以利用该方法观察细菌在发酵食品中的繁殖程度。

一、实验目的

学习发酵食品中菌落总数的测定方法及原理，并掌握微生物相关的实验操作技术。

二、实验原理

菌落是指细菌在固体培养基上生长繁殖而形成的能被肉眼识别的生长物，它是由数以万计相同的微生物集合而成。当样品被稀释到一定程度，与培养基混合，在一定培养条件下，每个能够生长繁殖的细菌细胞都可以在平板上形成一个可见的菌落。菌落总数就是指在一定条件下（如需氧情况、营养条件、pH、培养温度和时间等）每克（每毫升）检样所生长出来的细菌菌落总数。发酵食品检样经过处理，在一定条件下（如培养基、培养温度和培养时间等）培养后，所得每克（毫升）检样中形成的微生物菌落总数。

三、实验试剂与仪器

1. 试剂

（1）平板计数琼脂培养基 见附录一。

（2）磷酸盐缓冲液 见附录一。

（3）无菌生理盐水 称取 8.5g 氯化钠溶于 1000mL 蒸馏水中，121℃ 高压灭菌 15min。

2. 主要仪器

（1）恒温培养箱。

（2）冰箱。

（3）恒温水浴箱。

（4）均质器和振荡器。

（5）天平。

（6）菌落计数器。

四、实验步骤

1. 样品的稀释

（1）固体和半固体样品 称取 25g 样品置于盛有 225mL 磷酸盐缓冲液或生理盐水的无菌均质杯内，8000～10000r/min 均质 1～2min，或放入盛有 225mL 稀释液的无菌均质袋中，用拍击式均质器拍打 1～2min，制成 1∶10 的样品匀液。

（2）液体样品 以无菌吸管吸取 25mL 样品置于盛有 225mL 磷酸盐缓冲液或生理盐水的无菌锥形瓶（瓶内预置适当数量的无菌玻璃珠）中，充分混匀，制成 1∶10 的样品匀液。

（3）用 1mL 无菌吸管或微量移液器吸取 1∶10 样品匀液 1mL，沿管壁缓慢注于盛有 9mL 稀释液的无菌试管中（注意吸管或吸头尖端不要触及稀释液面），振摇试管或换用 1 支无菌吸管反复吹打使其混合均匀，制成 1∶100 的样品匀液。

（4）按步骤（3）的操作，制备 10 倍系列稀释样品匀液。每递增稀释一次，换用 1 次 1mL 无菌吸管或吸头。

（5）根据对样品污染状况的估计，选择 2～3 个适宜稀释度的样品匀液（液体样品可包括原液），在进行 10 倍递增稀释时，吸取 1mL 样品匀液于无菌平皿内，每个稀释度做 2 个平皿。同时，分别吸取 1mL 空白稀释液加入 2 个无菌平皿内作为空白对照。

（6）及时将 15～20mL 冷却至 46℃ 的平板计数琼脂培养基［可放置于（46±1）℃ 恒温水浴箱中保温］倾注平皿，并转动平皿使其混合均匀。

2. 培养

（1）待琼脂凝固后，将平板翻转，（36±1）℃ 培养（48±2）h。

（2）如果样品中可能含有在琼脂培养基表面弥漫生长的菌落时，可在凝固后的琼脂表面覆盖一薄层琼脂培养基（约 4mL），凝固后翻转平板，进行培养。

3. 菌落计数

（1）可用肉眼观察，必要时用放大镜或菌落计数器，记录稀释倍数和相应的菌落数量。

（2）选取菌落数在30~300、无蔓延菌落生长的平板计数菌落总数。低于30的平板记录具体菌落数，大于300的可记录为多不可计。每个稀释度的菌落数应采用2个平板的平均数。

（3）其中一个平板有较大片状菌落生长时，则不宜采用，而应以无片状菌落生长的平板作为该稀释度的菌落数；若片状菌落不到平板的一半，而其余一半中菌落分布又很均匀，即可计算半个平板后乘以2，代表一个平板菌落数。

（4）当平板上出现菌落间无明显界线的链状生长时，则将每条单链作为一个菌落计数。

五、实验结果与分析

1. 菌落总数的计算方法

（1）若只有一个稀释度平板上的菌落数在适宜计数范围内，计算两个平板菌落数的平均值，再将平均值乘以相应稀释倍数，作为每克（毫升）样品中菌落总数结果。

（2）若有两个连续稀释度的平板菌落数在适宜计数范围内时，按式（7-1）计算：

$$N = \frac{\sum C}{(n_1 + 0.1 \times n_2) \times d} \tag{7-1}$$

式中　　N——菌落总数；

　　　　C——平板（含适宜范围菌落数的平板）菌落数之和；

　　　　n_1——第一稀释度（低稀释倍数）平板个数；

　　　　n_2——第二稀释度（高稀释倍数）平板个数；

　　　　d——稀释因子（第一稀释度）。

示例：

稀释度	1∶100（第一稀释度）	1∶1000（第二稀释度）
菌落数（CFU）	232，244	33，35

$$N = \frac{\sum C}{(n_1 + 0.1n_2)d} = \frac{232 + 244 + 33 + 35}{[2 + (0.1 \times 2)] \times 0.01} = \frac{544}{0.022} = 24727$$

上述数据经数字修约后，表示为25000或2.5×10^4。

（3）若所有稀释度的平板上菌落数均大于300，则对稀释度最高的平板进行计数，其他平板可记录为多不可计，结果按平均菌落数乘以最高稀释倍数计算。

（4）若所有稀释度的平板菌落数均小于30，则应按稀释度最低的平均菌落数乘以稀释倍数计算。

（5）若所有稀释度（包括液体样品原液）平板均无菌落生长，则以小于1乘以最低稀释倍数计算。

（6）若所有稀释度的平板菌落数均不在30~300，其中一部分小于30或大于300

时，则以最接近 30 或 300 的平均菌落数乘以稀释倍数计算。

2. 菌落总数的数据处理

（1）菌落数小于 100 时，按"四舍五入"原则修约，以整数计。

（2）菌落数大于或等于 100 时，第 3 位数字采用"四舍五入"原则修约后，取前 2 位数字，后面用 0 代替位数；也可用 10 的指数形式来表示，按"四舍五入"原则修约后，采用 2 位有效数字。

（3）若所有平板上为蔓延菌落而无法计数，则记为菌落蔓延。

（4）若空白对照上有菌落生长，则此次检测结果无效。

（5）菌落计数以菌落形成单位（Colony-forming units，CFU）表示，称重取样以 CFU/g 为单位计数，体积取样以 CFU/mL 为单位计数。

六、思考题

1. 菌落总数测定的原理是什么？
2. 菌落总数的计算方法以及数据处理的注意事项有哪些？
3. 测菌落总数时，样品的最大稀释倍数如何确定？

实验二　发酵食品中霉菌和酵母计数

霉菌和酵母广泛分布于自然界中，也是食品变质的主要腐败菌。有些霉菌能够合成有毒代谢产物，即霉菌毒素；有些酵母在发酵食品中繁殖，可使食品产生难闻的异味，它还可以使液体发生混浊，产生气泡，形成薄膜，改变颜色等。因此霉菌和酵母也作为评价食品卫生质量的指示菌，并以霉菌和酵母计数来测定食品被污染的程度。

一、实验目的

学习发酵食品中霉菌和酵母的测定方法及原理，掌握微生物相关的实验操作技术。

二、实验原理

霉菌和酵母广泛分布于自然界并可作为发酵食品中菌群的重要组成部分。酵母是真菌中的一大类，通常是单细胞，呈圆形、卵圆形、腊肠形或杆状。霉菌也是真菌，能够形成疏松的绒毛状的菌丝体。利用马铃薯培养基和孟加拉红琼脂富集霉菌和酵母，同时在培养基中添加氯霉素来抑制细菌的生长，防止其对结果的干扰。霉菌和酵母的测定是指食品检样经过处理，在一定条件培养后，所得 1g 或 1mL 检样中霉菌和酵母菌落数。

三、实验试剂与仪器

1. 试剂

（1）无菌生理盐水　称取 8.5g 氯化钠溶于 1000mL 蒸馏水中，121℃高压灭菌 15min。

（2）磷酸盐缓冲液　见附录一。

（3）马铃薯葡萄糖琼脂　见附录一。

（4）孟加拉红琼脂　见附录一。

2. 器材

（1）恒温培养箱。

（2）电子天平。

（3）恒温水浴箱。

（4）涡旋振荡器。

（5）拍击式均质器及均质袋。

四、实验步骤

1. 样品的稀释

（1）固体和半固体样品　称取 25g 样品，加入 225mL 无菌稀释液（蒸馏水或生理盐水或磷酸缓冲液），充分振摇或用拍击式均质器拍打 1~2min，制成 1:10 的样品匀液。

（2）液体样品　以无菌吸管吸取 25mL 样品至盛有 225mL 无菌稀释液的适宜容器中，充分振摇，或在涡旋振荡器上混匀，制成 1:10 的样品匀液。

（3）取 1mL 1:10 样品匀液注入 9mL 无菌稀释液的试管中，另换一支 1mL 无菌吸管反复吹吸，或在涡旋振荡器上混匀，此液为 1:100 的样品匀液。按照上述步骤操作，制备 10 倍递增系列稀释样品匀液。每递增稀释一次，换用 1 支 1mL 无菌吸管。

（4）根据对样品中霉菌和酵母数量的估计，选择 2~3 个适宜稀释度（液体样品包括原液），在进行 10 倍递增稀释的同时，每个稀释度分别吸取 1mL 样品匀液于 2 个无菌平皿中，同时分别吸取 1mL 无菌稀释液加入 2 个无菌平皿做空白对照。

（5）及时将 20~25mL 冷却至 46℃的马铃薯葡萄糖琼脂或孟加拉红琼脂（可放置于46℃恒温水浴箱中保温）倾注平皿，并转动平皿使其混合均匀。置水平台面待培养基完全凝固。

2. 培养

琼脂凝固后，正置平板，置 28℃培养箱中培养，观察并记录培养至第 5d 的结果。

3. 菌落计数

用肉眼观察，必要时可用放大镜或低倍镜，记录稀释倍数和相应的霉菌和酵母菌落数。以菌落形成单位表示。选取菌落数在 10~150 的平板，根据菌落形态分别计数霉菌和酵母。霉菌蔓延生长覆盖至整个平板的可记录为菌落蔓延。

五、实验结果与分析

1. 霉菌和酵母的计算方法

（1）计算同一稀释度的 2 个平板菌落数的平均值，再将平均值乘以相应稀释倍数。

（2）若有 2 个稀释度平板上菌落数均在 10~150，则按照实验一相应规定进行计算。

（3）若所有平板上菌落数均大于 150，则对稀释度最高的平板进行计数，其他平板可记录为多不可计，结果按平均菌落数乘以最高稀释倍数计算。

（4）若所有平板上菌落数均小于 10，则应按稀释度最低的平均菌落数乘以稀释倍数计算。

（5）若所有稀释度（包括液体样品原液）平板均无菌落生长，则以小于1乘以最低稀释倍数计算。

（6）若所有稀释度的平板菌落数均不在10~150，其中一部分小于10或大于150时，则以最接近10或150的平均菌落数乘以稀释倍数计算。

2. 菌落总数的数据处理

（1）菌落数按"四舍五入"原则修约。菌落数在10以内时，采用1位有效数字；菌落数在10~100时，采用2位有效数字。

（2）菌落数大于或等于100时，前3位数字采用"四舍五入"原则修约后，取前2位数字，后面用0代替位数来表示结果；也可用10的指数形式来表示，此时也按"四舍五入"原则修约，采用2位有效数字。

（3）若空白对照平板上有菌落出现，则此次检测结果无效。

（4）称重取样以CFU/g为单位计数，体积取样以CFU/mL为单位计数。

六、思考题

1. 霉菌和酵母计数的原理是什么，操作过程中应该注意哪些事项？
2. 在霉菌和酵母计数的过程中如何避免细菌的污染？

实验三　发酵食品中大肠菌群计数

大肠菌群是作为粪便污染指标菌提出来的，主要是以该菌群的检出情况来表示食品中有否粪便污染。大肠菌群数的高低，表明了粪便污染的程度，也反映了对人体健康危害性的大小。大肠菌群最初作为肠道致病菌而被用于水质检验，现已被我国和国外许多国家广泛用作食品卫生质量检验的指示菌。大肠菌群的食品卫生学意义是作为食品被粪便污染的指示菌，食品中粪便含量只要达到10^{-3}mg/kg即可检出大肠菌。大肠菌群主要包括肠杆菌科中的埃希氏菌属、柠檬酸杆菌属、克雷伯氏菌属和肠杆菌属，主要以埃希氏菌属为主，埃希氏菌属俗称典型大肠杆菌。大肠菌群都是直接或间接地来自人和温血动物的粪便，所以食品中检出大肠菌群的多少，表示食品受到人和温血动物的粪便污染程度。

一、实验目的

学习食品中大肠菌群的计数方法及原理，并掌握微生物相关的实验操作技术。

二、实验原理

大肠菌群的计数方法主要有MPN法和平板计数法，其中MPN法即统计学和微生物学结合的一种定量检测法，待测样品经系列稀释并培养后，根据其未生长的最低稀释度与生长的最高稀释度，应用统计学概率论推算出待测样品中大肠菌群的最大可能数；平板计数法是指大肠菌群在固体培养基中发酵乳糖产酸，在指示剂的作用下形成可计数的红色或紫色，带有或不带有沉淀环的菌落。

三、实验试剂与仪器

1. 试剂

（1）无菌生理盐水　称取 8.5g 氯化钠溶于 1000mL 蒸馏水中，121℃高压灭菌 15min。

（2）1mol/L 氢氧化钠溶液　称取 40g 氢氧化钠溶于 1000mL 无菌蒸馏水中。

（3）1mol/L 盐酸溶液　移取浓盐酸 90mL，用无菌蒸馏水稀释至 1000mL。

（4）磷酸盐缓冲液　见附录一。

（5）月桂基硫酸盐胰蛋白胨（LST）肉汤　见附录一。

（6）煌绿乳糖胆盐（BGLB）肉汤　见附录一。

（7）结晶紫中性红胆盐琼脂（VRBA）　见附录一。

2. 主要仪器

（1）恒温培养箱。

（2）冰箱。

（3）恒温水浴箱。

（4）天平。

（5）均质器。

（6）振荡器。

四、实验步骤

方法一　大肠菌群平板计数法

1. 样品的稀释

（1）固体和半固体样品　称取 25g 样品，放入盛有 225mL 磷酸盐缓冲液或生理盐水的无菌均质杯内，8000~10000r/min 均质 1~2min，或放入盛有 225mL 磷酸盐缓冲液或生理盐水的无菌均质袋中，用拍击式均质器拍打 1~2min，制成 1:10 的样品匀液。

（2）液体样品　以无菌吸管吸取 25mL 样品置于盛有 225mL 磷酸盐缓冲液或生理盐水的无菌锥形瓶（瓶内预置适当数量的无菌玻璃珠）或其他无菌容器中充分振摇或置于机械振荡器中振摇，充分混匀，制成 1:10 的样品匀液。

（3）样品匀液的 pH 应在 6.5~7.5，必要时分别用 1mol/L 氢氧化钠或 1mol/L 盐酸调节。

（4）用 1mL 无菌吸管或微量移液器吸取 1:10 样品匀液 1mL，沿管壁缓缓注入 9mL 磷酸盐缓冲液或生理盐水的无菌试管中（注意吸管或吸头尖端不要触及稀释液面），振摇试管或换用 1 支 1mL 无菌吸管反复吹打，使其混合均匀，制成 1:100 的样品匀液。

（5）根据对样品污染状况的估计，按上述操作，依次制成 10 倍递增系列稀释样品匀液。每递增稀释 1 次，换用 1 支 1mL 无菌吸管或吸头。从制备样品匀液至样品接种完毕，全过程不得超过 15min。

2. 平板计数

（1）选取 2~3 个适宜的连续稀释度，每个稀释度接种 2 个无菌平皿，每皿 1mL。同时取 1mL 生理盐水加入无菌平皿作为空白对照。

（2）及时将 15~20mL 融化并恒温至 46℃ 的结晶紫中性红胆盐琼脂（VRBA）倾注于每个平皿中。小心旋转平皿，将培养基与样液充分混匀，待琼脂凝固后，再加 3~4mL VRBA 覆盖平板表层。翻转平板，置于（36±1）℃ 培养 18~24h。

3. 平板菌落数的选择

选取菌落数在 15~150 的平板，分别计数平板上出现的典型和可疑大肠菌群菌落（如菌落直径较典型菌落小）。典型菌落为紫红色，菌落周围有红色的胆盐沉淀环，菌落直径为 0.5mm 或更大，最低稀释度平板低于 15 的记录具体菌落数。

4. 证实实验

从 VRBA 平板上挑取 10 个不同类型的典型和可疑菌落，少于 10 个菌落的挑取全部典型和可疑菌落，分别移种于 BGLB 肉汤管内，（36±1）℃ 培养 24~48h，观察产气情况。凡 BGLB 肉汤管产气，即可计为大肠菌群阳性。

方法二　MPN 法

1. 样品的稀释

（1）固体和半固体样品　称取 25g 样品，放入盛有 225mL 磷酸盐缓冲液或生理盐水的无菌均质杯内，8000~10000r/min 均质 1~2min，或放入盛有 225mL 磷酸盐缓冲液或生理盐水的无菌均质袋中，用拍击式均质器拍打 1~2min，制成 1:10 的样品匀液。

（2）液体样品　以无菌吸管吸取 25mL 样品置于盛有 225mL 磷酸盐缓冲液或生理盐水的无菌锥形瓶（瓶内预置适当数量的无菌玻璃珠）或其他无菌容器中充分振摇或置于机械振荡器中振摇，充分混匀，制成 1:10 的样品匀液。

（3）样品匀液的 pH 应在 6.5~7.5，必要时分别用 1mol/L 氢氧化钠或 1mol/L 盐酸调节。

（4）用 1mL 无菌吸管或微量移液器吸取 1:10 样品匀液 1mL，沿管壁缓缓注入 9mL 磷酸盐缓冲液或生理盐水的无菌试管中（注意吸管或吸头尖端不要触及稀释液面），振摇试管或换用 1 支 1mL 无菌吸管反复吹打，使其混合均匀，制成 1:100 的样品匀液。

（5）根据对样品污染状况的估计，按上述操作，依次制成 10 倍递增系列稀释样品匀液。每递增稀释 1 次，换用 1 支 1mL 无菌吸管或吸头。从制备样品匀液至样品接种完毕，全过程不得超过 15min。

2. 初发酵实验

每个样品，选择 3 个适宜的连续稀释度的样品匀液（液体样品可以选择原液），每个稀释度接种 3 管月桂基硫酸盐胰蛋白胨（LST）肉汤，每管接种 1mL（如接种量超过 1mL，则用双料 LST 肉汤），（36±1）℃ 培养（24±2）h，观察倒管内是否有气泡产生，（24±2）h 产气者进行复发酵试验（证实试验），如未产气则继续培养至（48±2）h，产气者进行复发酵实验。未产气者为大肠菌群阴性。

3. 复发酵实验

用接种环从产气的 LST 肉汤管中分别取培养物 1 环，移种于煌绿乳糖胆盐肉汤

（BGLB）管中，（36±1）℃培养（48±2）h，观察产气情况。产气者，计为大肠菌群阳性管。

五、实验结果与分析

1. 大肠菌群最可能数（MPN）

依据复发酵实验确证的大肠菌群 BGLB 阳性管数，检索 MPN 表（附录二），计为每克（毫升）样品中大肠菌群的 MPN 值。

2. 大肠菌群平板计数

经最后证实为大肠菌群阳性的试管比例乘以计数的平板菌落数，再乘以稀释倍数，即为每克（毫升）样品中大肠菌群。例：10^{-4} 样品稀释液 1mL，在 VRBA 平板上有 100 个典型和可疑菌落，挑取其中 10 个接种 BGLB 肉汤管，证实有 6 个阳性管，则该样品的大肠菌群数为：$\dfrac{100 \times 6}{10} \times 10^4 = 6.0 \times 10^5 \text{CFU/g}$（mL）。若所有稀释度（包括液体样品原液）平板均无菌落生长，则以小于 1 乘以最低稀释倍数计算。

六、思考题

1. 测定发酵食品中大肠菌群的实际意义是什么？
2. 为什么选大肠菌群作为食品的卫生指标？
3. 大肠菌群总数的计算方法以及数据处理时的注意事项有哪些？

实验四　发酵食品中沙门氏菌检验

沙门氏菌是一种常见的食源性致病菌，1885 年沙门等在霍乱流行时分离到猪霍乱沙门氏菌，故定名为沙门氏菌属。沙门氏菌属有的专对人类致病，有的只对动物致病，也有对人和动物都致病。据统计，在世界各国的种类细菌性食物中毒中，沙门氏菌引起的食物中毒常列榜首。沙门氏菌病的病原体，属肠杆菌科，革兰氏阴性肠道杆菌。沙门氏菌菌体无芽孢，一般无荚膜，除鸡白痢沙门氏菌和鸡伤寒沙门氏菌外，大多有周身鞭毛。沙门氏菌对营养要求不高，广泛地存在于环境中，发酵食品及其相关食品原料容易污染该菌，导致食物中毒。因此，检测发酵食品中的沙门氏菌可以有效防止食品中毒，保障食品安全。

一、实验目的

学习沙门氏菌的检验方法及原理，并掌握微生物相关的实验操作技术。

二、实验原理

沙门氏菌鉴定的传统方法主要是根据形态学特征、培养特征、生理生化特征等，该菌属不液化明胶，不分解尿素，不产生吲哚，不发酵乳糖和蔗糖，能发酵葡萄糖、甘露醇、麦芽糖和卫芽糖，大多产酸产气，少数只产酸不产气，V-P 试验阴性，有赖氨酸脱羧酶，DNA 的 G+C 含量为 50%～53%。利用沙门氏菌的这些生化特征，借助于三糖铁、靛基质、尿素、氰化钾、赖氨酸等试验可与肠道其他菌属相鉴别。通过菌种特殊的抗原结构（O 抗原为主），也可以把它们分辨出来。

三、实验试剂与仪器

1. 试剂

（1）缓冲蛋白胨水（BPW）　见附录一。

（2）四硫磺酸钠煌绿（TTB）增菌液　见附录一。

（3）亚硒酸盐胱氨酸（SC）增菌液　见附录一。

（4）亚硫酸铋（BS）琼脂　见附录一。

（5）HE 琼脂（Hektoen Enteric Agar）　见附录一。

（6）木糖赖氨酸脱氧胆盐（XLD）琼脂　见附录一。

（7）沙门氏菌属显色培养基　见附录一。

（8）三糖铁（TSI）琼脂　见附录一。

（9）蛋白胨水、靛基质试剂　见附录一。

（10）尿素琼脂　见附录一。

（11）氰化钾（KCN）培养基　见附录一。

（12）赖氨酸脱羧酶试验培养基　见附录一。

（13）糖发酵管　见附录一。

（14）邻硝基酚-β-D 半乳糖苷（ONPG）培养基　见附录一。

（15）半固体琼脂　见附录一。

（16）丙二酸钠培养基　见附录一。

（17）沙门氏菌 O、H 和 Vi 诊断血清。

（18）生化鉴定试剂盒。

2. 主要仪器

（1）冰箱。

（2）恒温培养箱。

（3）均质器和振荡器。

（4）电子天平。

（5）pH 计。

（6）全自动微生物生化鉴定系统。

四、实验步骤

1. 预增菌

无菌操作称取 25g（mL）样品，置于盛有 225mL BPW 的无菌均质杯或合适容器内，以 8000～10000r/min 均质 1～2min，或置于盛有 225mL BPW 的无菌均质袋中，用拍击式均质器拍打 1～2min。若样品为液态，不需要均质，振荡混匀。如需调整 pH，用 1mol/mL

无菌氢氧化钠或盐酸调 pH 至 6.8 ± 0.2。无菌操作将样品转至 500mL 锥形瓶或其他合适容器内（如均质杯本身具有无孔盖，可不转移样品），如使用均质袋，可直接进行培养，于 (36 ± 1)℃培养 8~18h。如为冷冻产品，应在 45℃以下不超过 15min，或 2~5℃不超过 18h 解冻。

2. 增菌

轻轻摇动培养过的样品混合物，移取 1mL，转种于 10mL TTB 内，于 (42 ± 1)℃培养 18~24h。同时，另取 1mL，转种于 10mL SC 内，于 (36 ± 1)℃培养 18~24h。

3. 分离

分别用直径 3mm 的接种环取增菌液 1 环，划线接种于一个 BS 琼脂平板和一个 XLD 琼脂平板（或 HE 琼脂平板或沙门氏菌属显色培养基平板），于 (36 ± 1)℃分别培养 40~48h（BS 琼脂平板）或 18~24h（XLD 琼脂平板、HE 琼脂平板、沙门氏菌属显色培养基平板），观察各个平板上生长的菌落，各个平板上的菌落特征见表 7-1。

表 7-1　　　　　　　沙门氏菌属在不同选择性琼脂平板上的菌落特征

选择性琼脂平板	菌落特征
BS 琼脂	菌落为黑色有金属光泽、棕褐色或灰色，菌落周围培养基可呈黑色或棕色；有些菌株形成灰绿色的菌落，周围培养基不变
HE 琼脂	蓝绿色或蓝色，多数菌落中心黑色或几乎全黑色；有些菌株为黄色，中心黑色或几乎全黑色
XLD 琼脂	菌落呈粉红色，有或无黑色中心，有些菌可呈现大的带光泽的黑色中心，或呈现全部黑色的菌落；有些菌为黄色菌落，有或无黑色中心
沙门氏菌属显色培养基	按照显色培养基的说明进行判定

资料来源：GB 4789.4—2016《食品安全国家标准　食品微生物学检验　沙门氏菌检验》。

五、实验结果与分析

从选择性琼脂平板上分别挑取 2 个以上典型或可疑菌落，接种三糖铁琼脂，先在斜面划线，再于底层穿刺。接种针不要灭菌，直接接种赖氨酸脱羧酶试验培养基和营养琼脂平板，于 (36 ± 1)℃培养 18~24h，必要时可延长至 48h。在三糖铁琼脂和赖氨酸脱羧酶试验培养基内，沙门氏菌属的反应结果见表 7-2。

表 7-2　　　　沙门氏菌属在三糖铁琼脂和赖氨酸脱羧酶试验培养基内的反应结果

三糖铁琼脂				赖氨酸脱羧酶试验培养基	初步判断
斜面	底层	产气	硫化氢		
K	A	+ (−)	+ (−)	+	可疑沙门氏菌属
K	A	+ (−)	+ (−)	−	可疑沙门氏菌属
A	A	+ (−)	+ (−)	+	可疑沙门氏菌属

续表

三糖铁琼脂				赖氨酸脱羧酶试验培养基	初步判断
斜面	底层	产气	硫化氢		
A	A	+/-	+/-	-	非沙门氏菌
K	K	+/-	+/-	+/-	非沙门氏菌

注：K 为产碱，A 为产酸，+为阳性，-为阴性，+（-）为多数阳性，少数阴性，+/-为阳性或阴性。

资料来源：GB 4789.4—2016《食品安全国家标准　食品微生物学检验　沙门氏菌检验》.

接种三糖铁琼脂和赖氨酸脱羧酶试验培养基的同时，可直接接种蛋白胨水（供做靛基质试验）、尿素琼脂（pH 7.2）、氰化钾（KCN）培养基，也可在初步判断结果后从营养琼脂平板上挑取可疑菌落接种。于（36±1）℃培养 18~24h，必要时可延长至 48h，按表 7-2 判定结果。将已挑菌落的平板储存于 2~5℃或室温至少保留 24h，以备必要时复查表 7-3。

表 7-3　　　　　　　　　　沙门氏菌属生化反应初步鉴别表

反应序号	硫化氢（H₂S）	靛基质	pH 7.2 尿素	氰化钾（KCN）	赖氨酸脱羧酶
A1	+	-	-	-	+
A2	+	+	-	-	+
A3	-	-	-	-	+/-

注：+为阳性；-为阴性；+/-为阳性或阴性。

资料来源：GB 4789.4—2016《食品安全国家标准　食品微生物学检验　沙门氏菌检验》.

反应序号 A1：典型反应判定为沙门氏菌属。如尿素、KCN 和赖氨酸脱羧酶 3 项中有 1 项异常，按表 7-4 可判定为沙门氏菌。如有 2 项异常为非沙门氏菌。

表 7-4　　　　　　　　　　沙门氏菌属生化反应初步鉴别表

pH 7.2 尿素	氰化钾	赖氨酸脱羧酶	判定结果
-	-	-	甲型副伤寒沙门氏菌（要求血清学鉴定结果）
-	+	+	沙门氏菌Ⅳ或Ⅴ（要求符合本群生化特性）
+	-	+	沙门氏菌个别变体（要求血清学鉴定结果）

注：+表示阳性；-表示阴性。

资料来源：GB 4789.4—2016《食品安全国家标准　食品微生物学检验　沙门氏菌检验》.

反应序号 A2：补做甘露醇和山梨醇试验，沙门氏菌靛基质阳性变体两项试验结果均为阳性，但需要结合血清学鉴定结果进行判定。

反应序号 A3：补做 ONPG。ONPG 阴性为沙门氏菌，同时赖氨酸脱羧酶阳性，甲型副伤寒沙门氏菌为赖氨酸脱羧酶阴性；必要时按表 7-5 进行沙门氏菌生化群的鉴别。

表 7-5 沙门氏菌属各生化群的鉴别

项目	Ⅰ	Ⅱ	Ⅲ	Ⅳ	Ⅴ	Ⅵ
卫矛醇	+	+	−	−	+	−
山梨醇	+	+	+	+	+	−
水杨苷	−	−	−	+	−	−
ONPG	−	−	+	−	+	−
丙二酸盐	−	+	+	−	−	−
KCN	−	−	−	+	+	−

注：+表示阳性；−表示阴性。

资料来源：GB 4789.4—2016《食品安全国家标准 食品微生物学检验 沙门氏菌检验》.

综合以上生化试验鉴定的结果，计为 25g（mL）样品中检出或未检出沙门氏菌。

六、思考题

1. 沙门氏菌的检验为什么要采用预增菌和选择性增菌？为什么选择性增菌要选用 TTB 与 SC？试从所用的时间、温度和培养基的成分来说明。

2. 为什么三糖铁可以基本区分沙门氏菌、大肠杆菌、志贺氏菌？

3. 亚硒酸盐胱氨酸（SC）增菌液中亚硒酸氢钠、L-胱氨酸有何作用？

实验五 发酵食品中金黄色葡萄球菌检验

金黄色葡萄球菌是人类的一种重要病原菌，能引起许多严重感染。典型的金黄色葡萄球菌为球形，直径 0.8μm 左右，显微镜下排列成葡萄串状，无芽孢，无鞭毛，大多数无荚膜，革兰氏染色阳性。金黄色葡萄球菌在自然界中无处不在，空气、水、灰尘及人和动物的排泄物中都可找到。因此，很多食品特别是传统发酵食品更容易受金黄色葡萄球菌的污染。美国疾病控制与预防中心报告，由金黄色葡萄球菌引起的感染占第二位，仅次于大肠杆菌。金黄色葡萄球菌肠毒素是个世界性卫生问题，在美国由金黄色葡萄球菌肠毒素引起的食物中毒占整个细菌性食物中毒的33%，加拿大则更多，占到45%，中国每年发生的此类中毒事件也非常多。因此，检验发酵食品中金黄色葡萄球菌显得尤为重要。

一、实验目的

学习食品中金黄色葡萄球菌的检验、计数方法及原理，并掌握微生物相关的实验操作技术。

二、实验原理

金黄色葡萄球菌定性检验原理是金黄色葡萄球菌能产生凝固酶，使血浆凝固，多数致病菌株能产生溶血毒素，使血琼脂平板菌落周围出现溶血环，在试管中出现溶血反应。这些是鉴定致病性金黄色葡萄球菌的重要指标。针对于金黄色葡萄球菌含量较高的食品中采用金黄色葡萄球菌平板计数法，而对于金黄色葡萄球菌含量较低的食品则主要采用金黄色葡萄球菌 MPN 计数法。

三、实验试剂与仪器

1. 试剂

（1）75g/L 氯化钠肉汤　见附录一。

（2）血琼脂平板　见附录一。

（3）Baird-Parker 琼脂平板　见附录一。

（4）脑心浸出液肉汤（BHI）　见附录一。

（5）兔血浆　见附录一。

（6）磷酸盐缓冲液　见附录一。

（7）营养琼脂小斜面　见附录一。

（8）革兰氏染色液

结晶紫染色液：结晶紫 1.0g，95%乙醇 20.0mL，10g/L 草酸铵水溶液 80.0mL；将结晶紫完全溶解于乙醇中，然后与草酸铵溶液混合。

革兰氏碘液：碘 1.0g，碘化钾 2.0g，蒸馏水 300mL；将碘与碘化钾先行混合，加入少许蒸馏水充分振摇，待完全溶解后，再加蒸馏水至 300mL。

沙黄复染液：沙黄 0.25g，95%乙醇 10.0mL，蒸馏水 90.0mL；将沙黄溶解于乙醇中，然后用蒸馏水稀释。

（9）无菌生理盐水　称取 8.5g 氯化钠溶于 1000mL 蒸馏水中，121℃高压灭菌 15min。

2. 主要仪器

（1）恒温培养箱。

（2）冰箱。

（3）恒温水浴箱。

（4）天平。

（5）均质器和振荡器。

（6）pH 计。

四、实验步骤

方法一　金黄色葡萄球菌定性检验法

1. 样品的处理

称取 25g 样品至盛有 225mL 75g/L 氯化钠肉汤的无菌均质杯内，8000~10000r/min 均质 1~2min，或放入盛有 225mL 75g/L 氯化钠肉汤无菌均质袋中，用拍击式均质器拍打 1~2min。若样品为液态，吸取 25mL 样品至盛有 225mL 75g/L 氯化钠肉汤的无菌锥形瓶（瓶内可预置适当数量的无菌玻璃珠）中，振荡混匀。

2. 增菌

将上述样品匀液于（36±1）℃培养 18~24h。金黄色葡萄球菌在 75g/L 氯化钠肉汤中浑浊生长。

3. 分离

将增菌后的培养物，分别划线接种到 Baird-Parker 平板和血平板，血平板（36±1）℃培养 18~24h。Baird-Parker 平板（36±1）℃培养 24~48h。

方法二　金黄色葡萄球菌平板计数法

1. 样品的稀释

（1）固体和半固体样品　称取 25g 样品置于盛有 225mL 磷酸盐缓冲液或生理盐水的无菌均质杯内，8000~10000r/min 均质 1~2min，或置于盛有 225mL 稀释液的无菌均质袋中，用拍击式均质器拍打 1~2min，制成 1∶10 的样品匀液。

（2）液体样品　以无菌吸管吸取 25mL 样品置于盛有 225mL 磷酸盐缓冲液或生理盐水的无菌锥形瓶（瓶内预置适当数量的无菌玻璃珠）中，充分混匀，制成 1∶10 的样品匀液。

（3）用 1mL 无菌吸管或微量移液器吸取 1∶10 样品匀液 1mL，沿管壁缓慢注于盛有 9mL 磷酸盐缓冲液或生理盐水的无菌试管中（注意吸管或吸头尖端不要触及稀释液面），振摇试管或换用 1 支 1mL 无菌吸管反复吹打使其混合均匀，制成 1∶100 的样品匀液。

（4）按步骤（3）操作程序，制备 10 倍系列稀释样品匀液。每递增稀释一次，换用 1 次 1mL 无菌吸管或吸头。

2. 样品的接种

根据对样品污染状况的估计，选择 2~3 个适宜稀释度的样品匀液（液体样品可包括原液），在进行 10 倍递增稀释的同时，每个稀释度分别吸取 1mL 样品匀液以 0.3mL、0.3mL、0.4mL 接种量分别加入 3 块 Baird-Parker 平板，然后用无菌涂布棒涂布整个平板，注意不要触及平板边缘。使用前，如 Baird-Parker 平板表面有水珠，可放在 25~50℃的培养箱里干燥，直到平板表面的水珠消失。

3. 培养

在通常情况下，涂布后，将平板静置 10min，如样液不易吸收，可将平板放在培养箱于（36±1）℃培养 1h；等样品匀液吸收后翻转平板，倒置后于（36±1）℃培养 24~48h。

方法三　金黄色葡萄球菌 MPN 计数法

1. 样品的稀释

（1）固体和半固体样品　称取 25g 样品置于盛有 225mL 磷酸盐缓冲液或生理盐水的无菌均质杯内，8000~10000r/min 均质 1~2min，或置于盛有 225mL 稀释液的无菌均质袋中，用拍击式均质器拍打 1~2min，制成 1∶10 的样品匀液。

（2）液体样品　以无菌吸管吸取 25mL 样品置于盛有 225mL 磷酸盐缓冲液或生理盐水的无菌锥形瓶（瓶内预置适当数量的无菌玻璃珠）中，充分混匀，制成 1∶10 的样品匀液。

（3）用 1mL 无菌吸管或微量移液器吸取 1∶10 样品匀液 1mL，沿管壁缓慢注于盛有 9mL 磷酸盐缓冲液或生理盐水的无菌试管中（注意吸管或吸头尖端不要触及稀释液面），振摇试管或换用 1 支 1mL 无菌吸管反复吹打使其混合均匀，制成 1∶100 的样品匀液。

（4）按步骤（3）操作程序，制备 10 倍系列稀释样品匀液。每递增稀释一次，换用 1 次 1mL 无菌吸管或吸头。

2. 接种和培养

（1）根据对样品污染状况的估计，选择 3 个适宜稀释度的样品匀液（液体样品可包括原液），在进行 10 倍递增稀释的同时，每个稀释度分别接种 1mL 样品匀液至 75g/L 氯化钠肉汤管（如接种量超过 1mL，则用双料 75g/L 氯化钠肉汤），每个稀释度接种 3 管，将上述接种物于（36±1）℃培养 18~24h。

（2）用接种环从培养后的 75g/L 氯化钠肉汤管中分别取培养物 1 环，移种于 Baird-Parker 平板（36±1）℃培养 24~48h。

五、实验结果与分析

方法一　金黄色葡萄球菌定性检验法

1. 初步鉴定

金黄色葡萄球菌在 Baird-Parker 平板上呈圆形，表面光滑、凸起、湿润、菌落直径为 2~3mm，颜色呈灰黑色至黑色，有光泽，常有浅色（非白色）的边缘，周围绕以不透明圈（沉淀），其外常有一清晰带。当用接种针触及菌落时具有黄油样黏稠感。有时可见到不分解脂肪的菌株，除没有不透明圈和清晰带外，其他外观基本相同。从长期贮存的冷冻或脱水食品中分离的菌落，其黑色常较典型菌落浅些，且外观可能较粗糙，质地较干燥。在血平板上，形成菌落较大，圆形、光滑凸起、湿润、金黄色（有时为白色），菌落周围可见完全透明溶血圈。挑取上述可疑菌落进行革兰氏染色镜检及血浆凝固酶试验。

2. 确证鉴定

（1）染色镜检　金黄色葡萄球菌为革兰氏阳性球菌，排列呈葡萄球状，无芽孢，无荚膜，直径为 0.5~1μm。

（2）血浆凝固酶试验　挑取 Baird-Parker 平板或血平板上至少 5 个可疑菌落（小于 5 个全选），分别接种到 5mL BHI 和营养琼脂小斜面，（36±1）℃培养 18~24h。

取新鲜配制兔血浆 0.5mL，放入小试管中，再加入 BHI 培养物 0.2~0.3mL，振荡摇匀，置（36±1）℃温箱或水浴箱内，每半小时观察一次，观察 6h，如呈现凝固（即将试管倾斜或倒置时，呈现凝块）或凝固体积大于原体积的一半，被判定为阳性结果。同时以血浆凝固酶试验阳性和阴性葡萄球菌菌株的肉汤培养物作为对照。也可用商品化的试剂，按说明书操作，进行血浆凝固酶试验。结果如可疑，挑取营养琼脂小斜面的菌落到 5mL BHI，（36±1）℃培养 18~48h，重复试验。

3. 实验结果

如果符合上述验证，可判定为金黄色葡萄球菌。结果计为在 25g（mL）样品中检出或未检出金黄色葡萄球菌。

方法二　金黄色葡萄球菌平板计数法

1. 典型菌落计数和确认

（1）金黄色葡萄球菌在 Baird-Parker 平板上呈圆形，表面光滑、凸起、湿润、菌落直径为 2~3mm，颜色呈灰黑色至黑色，有光泽，常有浅色（非白色）的边缘，周围绕以不透明圈（沉淀），其外常有一清晰带。当用接种针触及菌落时具有黄油样黏稠感。有时可见到不分解脂肪的菌株，除没有不透明圈和清晰带外，其他外观基本相同。从长期贮存的冷冻或脱水食品中分离的菌落，其黑色常较典型菌落浅些，且外观可能较粗糙，质地较干燥。

（2）选择有典型的金黄色葡萄球菌菌落的平板，且同一稀释度 3 个平板所有菌落数合计在 20~200 的平板，计数典型菌落数。

（3）从典型菌落中至少选 5 个可疑菌落（小于 5 个全选）进行鉴定试验。分别做染色镜检、血浆凝固酶试验；同时划线接种到血平板于（36±1）℃培养 18~24h 后观察菌落形态，金黄色葡萄球菌菌落较大、圆形、光滑凸起、湿润、金黄色（有时为白色），菌落周围可见完全透明溶血圈。

2. 结果计算

（1）若只有一个稀释度平板的典型菌落数在 20~200，计数该稀释度平板上的典型菌落，按式（7-2）计算。

（2）若最低稀释度平板的典型菌落数小于 20，计数该稀释度平板上的典型菌落，按式（7-2）计算。

（3）若某一稀释度平板的典型菌落数大于 200，但下一稀释度平板上没有典型菌落，计数该稀释度平板上的典型菌落，按式（7-2）计算。

（4）若某一稀释度平板的典型菌落数大于 200，而下一稀释度平板上虽有典型菌落但不在 20~200 范围内，应计数该稀释度平板上的典型菌落，按式（7-2）计算。

（5）若 2 个连续稀释度的平板典型菌落数均在 20~200，按式（7-3）计算。

$$T = \frac{A \times B}{C \times d} \tag{7-2}$$

式中　T——样品中金黄色葡萄球菌菌落数；

　　　A——某一稀释度典型菌落的总数；

　　　B——某一稀释度鉴定为阳性的菌落数；

　　　C——某一稀释度用于鉴定试验的菌落数；

　　　d——稀释因子。

$$T = \frac{(A_1 \times B_1)/C_1 + (A_2 \times B_2)/C_2}{1.1 \times d} \tag{7-3}$$

式中　T——样品中金黄色葡萄球菌菌落数；

　　　A_1——第一稀释度（低稀释倍数）典型菌落的总数；

　　　B_1——第一稀释度（低稀释倍数）鉴定为阳性的菌落数；

　　　C_1——第一稀释度（低稀释倍数）用于鉴定试验的菌落数；

　　　A_2——第二稀释度（高稀释倍数）典型菌落总数；

　　　B_2——第二稀释度（高稀释倍数）鉴定为阳性的菌落数；

　　　C_2——第二稀释度（高稀释倍数）用于鉴定试验的菌落数；

　　　1.1——计算系数；

　　　d——稀释因子（第一稀释度）。

根据上述公式计算结果，报告每克（毫升）样品中金黄色葡萄球菌数，以 CFU/g（mL）表示；如 T 值为 0，则以小于 1 乘以最低稀释倍数报告。

方法三　金黄色葡萄球菌 MPN 计数法

1. 典型菌落确认

方法同方法二。

2. 金黄色葡萄球菌 MPN 计数报告

根据证实为金黄色葡萄球菌阳性的试管管数，查 MPN 检索表（附录二），报告每克（毫升）样品中金黄色葡萄球菌的最可能数，以 MPN/g（mL）表示。

六、思考题

1. 金黄色葡萄球菌在 Baird-Parker 平板上的菌落特征如何？为什么？
2. 鉴定致病性金黄色葡萄球菌的重要指标是什么？

实验六　发酵食品中蜡样芽孢杆菌检验

蜡样芽孢杆菌是芽孢杆菌属中的一种，菌体细胞杆状，末端方，成短或长链，（1.0~1.2）μm×（3.0~5.0）μm。生长温度范围 20~45℃，10℃以下生长缓慢或不生长。存在于土壤、水、空气以及动物肠道等处，该菌可以产生芽孢，能够很好地适应高温、低酸等胁迫环境，普通的巴氏杀菌很难杀死芽孢，因此，一些半开放式的传统发酵食品，如腐乳、豆豉等极易受蜡样芽孢杆菌的污染。蜡样芽孢杆菌引起的腹泻型食物中毒较少见，潜伏期较长，一般在进食后 6~15h 发生，临床表现主要是水样腹泻和腹痛，很少伴有呕吐症状。大多数在腹泻数次后症状逐渐减轻，1d 左右好转。严重者可引起电解质紊乱、出血性腹泻。

一、实验目的

学习食品中蜡样芽孢杆菌的计数方法及原理，并掌握微生物相关的实验操作技术。

二、实验原理

蜡样芽孢杆菌在甘露醇卵黄多黏菌素琼脂上的菌落为粉红色（表明该菌不能发酵甘露醇，如果在菌落周围有粉红色晕则表明该菌可以产生卵磷脂酶），由此对蜡样芽孢杆菌进行初步的定性鉴定。此外，蜡样芽孢杆菌的生理生化特征，如葡萄糖肉汤中厌氧培养产酸、分解碳水化合物不产气、可以还原硝酸盐、V-P 试验阳性等也是鉴定蜡样芽孢杆菌的重要依据。利用平板计数法对蜡样芽孢杆菌含量较高的食品进行计数，同时利用 MPN 计数法对蜡样芽孢杆菌含量较低的食品样品进行计数。

三、实验试剂与仪器

1. 试剂

（1）磷酸盐缓冲液（PBS）　见附录一。

（2）甘露醇卵黄多黏菌素（MYP）琼脂　见附录一。

（3）多黏菌素 B 溶液　在 50mL 灭菌蒸馏水中溶解 500000IU 的无菌硫酸盐多黏菌素 B。

（4）胰酪胨大豆多黏菌素肉汤　见附录一。

（5）营养琼脂　见附录一。

（6）30g/L 过氧化氢溶液。

（7）5g/L 碱性复红　取碱性复红 0.5g 溶解于 20mL 乙醇中，再用蒸馏水稀释至 100mL，滤纸过滤后储存备用。

（8）动力培养基　见附录一。

（9）硝酸盐肉汤　见附录一。

（10）酪蛋白琼脂　见附录一。

（11）硫酸锰营养琼脂培养基　见附录一。

（12）糖发酵管　见附录一。

（13）V-P 培养基　见附录一。

（14）胰酪胨大豆羊血（TSSB）琼脂　见附录一。

（15）溶菌酶营养肉汤　见附录一。

（16）西蒙氏柠檬酸盐培养基　见附录一。

（17）明胶培养基　见附录一。

2. 主要仪器

（1）冰箱。

（2）恒温培养箱。

（3）均质器。

（4）电子天平。

（5）显微镜。

四、实验步骤

方法一　蜡样芽孢杆菌平板计数法

1. 样品处理

冷冻样品应在 45℃以下不超过 15min 或在 2~5℃不超过 18h 解冻，若不能及时检验，应放于-20~-10℃保存；非冷冻而易腐的样品应尽可能及时检验，若不能及时检验，应置于 2~5℃冰箱保存，24h 内检验。

2. 样品制备

称取样品 25g，放入盛有 225mL PBS 或生理盐水的无菌均质杯内，用旋转刀片式均质器以 8000~10000r/min 均质 1~2min，或放入盛有 225mL PBS 或生理盐水的无菌均质袋中，用拍击式均质器拍打 1~2min。若样品为液态，吸取 25mL 样品至盛有 225mL PBS 或生理盐水的无菌锥形瓶（瓶内可预置适当数量的无菌玻璃珠）中，振荡混匀，作为 1:10 的样品匀液。

3. 样品的稀释

吸取步骤 2 中 1:10 的样品匀液 1mL 加到装有 9mL 生理盐水的稀释管中，充分混匀制成 1∶100 的样品匀液。根据对样品污染状况的估计，按上述操作，依次制成 10 倍递增系列稀释样品匀液。每递增稀释 1 次，换用 1 支 1mL 无菌吸管或吸头。

4. 样品接种

根据对样品污染状况的估计，选择 2~3 个适宜稀释度的样品匀液（液体样品可包括原液），以 0.3mL、0.3mL、0.4mL 接种量分别移入 3 块 MYP 琼脂平板，然后用无菌 L 棒涂布整个平板，注意不要触及平板边缘。使用前，如 MYP 琼脂平板表面有水珠，可放在 25~50℃的培养箱里干燥，直到平板表面的水珠消失。

5. 分离、培养

（1）分离 在通常情况下，涂布后，将平板静置 10min。如样液不易吸收，可将平板放在培养箱中（30±1）℃培养 1h，等样品匀液吸收后翻转平皿，倒置于培养箱，（30±1）℃培养（24±2）h。如果菌落不典型，可继续培养（24±2）h 再观察。在 MYP 琼脂平板上，典型菌落为微粉红色（表示不发酵甘露醇），周围有白色至淡粉红色沉淀环（表示产卵磷脂酶）。

（2）纯培养 从每个平板（符合典型菌落计数和确认的平板）中挑取至少 5 个典型菌落（小于 5 个全选），分别划线接种于营养琼脂平板做纯培养，（30±1）℃培养（24±2）h，进行确证实验。在营养琼脂平板上，典型菌落为灰白色，偶有黄绿色，不透明，表面粗糙似毛玻璃状或熔蜡状，边缘常呈扩展状，直径为 4~10mm。

方法二 蜡样芽孢杆菌 MPN 计数法

1. 样品处理

冷冻样品应在 45℃以下不超过 15min 或在 2~5℃不超过 18h 解冻，若不能及时检验，应放于-20~-10℃保存；非冷冻而易腐的样品应尽可能及时检验，若不能及时检验，应置于 2~5℃冰箱保存，24h 内检验。

2. 样品制备

称取样品 25g，放入盛有 225mL PBS 或生理盐水的无菌均质杯内，用旋转刀片式均质器以 8000~10000r/min 均质 1~2min，或放入盛有 225mL PBS 或生理盐水的无菌均质袋中，用拍击式均质器拍打 1~2min。若样品为液态，吸取 25mL 样品至盛有 225mL PBS 或生理盐水的无菌锥形瓶（瓶内可预置适当数量的无菌玻璃珠）中，振荡混匀，作为 1∶10 的样品匀液。

3. 样品的稀释

吸取步骤 2 中 1∶10 的样品匀液 1mL 加到装有 9mL 生理盐水的稀释管中，充分混匀制成 1∶100 的样品匀液。根据对样品污染状况的估计，按上述操作，依次制成 10 倍递增系列稀释样品匀液。每递增稀释 1 次，换用 1 支 1mL 无菌吸管或吸头。

4. 样品接种

取 3 个适宜连续稀释度的样品匀液（液体样品可包括原液），接种于 10mL 胰酪胨大豆多黏菌素肉汤中，每一稀释度接种 3 管，每管接种 1mL（如果接种量需要超过 1mL，则用双料胰酪胨大豆多黏菌素肉汤），于（30±1）℃培养（48±2）h。

5. 培养

用接种环从各管中分别移取 1 环，划线接种到 MYP 琼脂平板上，（30±1）℃培养（24±2）h。如果菌落不典型，可继续培养（24±2）h 再观察。

五、实验结果与分析

方法一 蜡样芽孢杆菌平板计数法

1. 确定鉴定

（1）染色镜检 挑取纯培养的单个菌落，革兰氏染色镜检。蜡样芽孢杆菌为革兰氏阳性芽孢杆菌，大小为（1~1.3）μm×（3~5）μm，芽孢呈椭圆形，位于菌体中央或偏端，不膨大于菌体，菌体两端较平整，多呈短链或长链状排列。

（2）生化鉴定 挑取纯培养的单个菌落，进行过氧化氢酶试验、动力试验、硝酸盐还原试验、酪蛋白分解试验、溶菌酶耐性试验、V-P试验、葡萄糖利用（厌氧）试验、根状生长试验、溶血试验、蛋白质毒素结晶试验。蜡样芽孢杆菌生化特征与其他芽孢杆菌的区别见表7-6。

表7-6 蜡样芽孢杆菌生化特征与其他芽孢杆菌的区别

项目	蜡样芽孢杆菌	苏云金芽孢杆菌	蕈状芽孢杆菌	炭疽杆菌	巨大芽孢杆菌
革兰氏染色	+	+	+	+	+
过氧化氢酶试验	+	+	+	+	+
动力试验	+/-	+/-	-	-	+/-
硝酸盐还原试验	+	+/-	+	+	-/+
酪蛋白分解试验	+	+	+/-	-/+	+/-
溶菌酶耐性试验	+	+	+	+	+
卵黄反应	+	+	+	+	-
葡萄糖利用（厌氧）试验	+	+	+	+	-
V-P 试验	+	+	+	+	-
甘露醇产酸试验	-	-	-	-	+
溶血（羊红细胞）试验	+	+	+	-/+	-
根状生长试验	-	-	+	-	-
蛋白质毒素结晶试验	-	+	-	-	-

注：+表示90%~100%的菌株阳性；-表示90%~100%的菌株阴性；+/-表示大多数的菌株阳性；-/+表示大多数的菌株阴性。

资料来源：GB 4789.14—2014《食品安全国家标准 食品微生物学检验 蜡样芽孢杆菌检验》.

动力试验：用接种针挑取培养物穿刺接种于动力培养基中，30℃培养24h。有动力的蜡样芽孢杆菌应沿穿刺线呈扩散生长，而蕈状芽孢杆菌常呈"绒毛状"生长。也可用悬滴法检查。

溶血试验：挑取纯培养的单个可疑菌落接种于TSSB琼脂平板上，（30±1）℃培养（24±2）h。蜡样芽孢杆菌菌落为浅灰色，不透明，似白色毛玻璃状，有草绿色溶血环或完全溶血环。苏云金芽孢杆菌和蕈状芽孢杆菌呈现弱的溶血现象，而多数炭疽杆菌为不溶血，巨大芽孢杆菌为不溶血。

根状生长试验：挑取单个可疑菌落按间隔 2~3cm 距离划平行直线于经室温干燥 1~2d 的营养琼脂平板上，（30±1）℃培养 24~48h，不能超过 72h。用蜡样芽孢杆菌和蕈状芽孢杆菌标准株作为对照进行同步试验。蕈状芽孢杆菌呈根状生长的特征。蜡样芽孢杆菌菌株呈粗糙山谷状生长的特征。

溶菌酶耐性试验：用接种环取纯菌悬液一环，接种于溶菌酶肉汤中，（36±1）℃培养 24h。蜡样芽孢杆菌在本培养基（含 0.001% 溶菌酶）中能生长。如出现阴性反应，应继续培养 24h。巨大芽孢杆菌不生长。

蛋白质毒素结晶试验：挑取纯培养的单个可疑菌落接种于硫酸锰营养琼脂平板上，（30±1）℃培养（24±2）h，并于室温放置 3~4d，挑取培养物少许于载玻片上，滴加蒸馏水混匀并涂成薄膜。经自然干燥、微火固定后，加甲醇作用 30s 后倾去，再通过火焰干燥，于载玻片上滴满 5g/L 碱性复红，放火焰上加热（微见蒸汽，勿使染液沸腾）持续 1~2min，移去火焰，再更换染色液再次加温染色 30s，倾去染液用洁净自来水彻底清洗、晾干后镜检。观察有无游离芽孢（浅红色）和染成深红色的菱形蛋白结晶体。如发现游离芽孢形成得不丰富，应再将培养物置室温 2~3d 后进行检查。除苏云金芽孢杆菌外，其他芽孢杆菌不产生蛋白质结晶体。

2. 结果计算

（1）典型菌落计数和确认　选择有典型蜡样芽孢杆菌菌落的平板，且同一稀释度 3 个平板所有菌落数合计在 20~200 的平板，计数典型菌落数。如果出现以下 a~f 现象按式（7-4）计算，如果出现 g 现象则按式（7-5）计算。

a. 只有一个稀释度的平板菌落数在 20~200 且有典型菌落，计数该稀释度平板上的典型菌落。

b. 两个连续稀释度的平板菌落数均在 20~200，但只有一个稀释度的平板有典型菌落，应计数该稀释度平板上的典型菌落。

c. 所有稀释度的平板菌落数均小于 20 且有典型菌落，应计数最低稀释度平板上的典型菌落。

d. 某一稀释度的平板菌落数大于 200 且有典型菌落，但下一稀释度平板上没有典型菌落，应计数该稀释度平板上的典型菌落。

e. 所有稀释度的平板菌落数均大于 200 且有典型菌落，应计数最高稀释度平板上的典型菌落。

f. 所有稀释度的平板菌落数均不在 20~200 且有典型菌落，其中一部分小于 20 或大于 200 时，应计数最接近 20 或 200 的稀释度平板上的典型菌落。

g. 两个连续稀释度的平板菌落数均在 20~200 且均有典型菌落。

从每个平板中至少挑取 5 个典型菌落（小于 5 个全选），划线接种于营养琼脂平板做纯培养，（30±1）℃培养（24±2）h。

（2）计算公式

$$T = \frac{A \times B}{C \times d} \tag{7-4}$$

式中　T——样品中蜡样芽孢杆菌菌落数；

　　　A——某一稀释度蜡样芽孢杆菌典型菌落的总数；

　　　B——鉴定结果为蜡样芽孢杆菌的菌落数；

C——用于蜡样芽孢杆菌鉴定的菌落数；

d——稀释因子。

$$T = \frac{(A_1 \times B_1)/C_1 + (A_2 \times B_2)/C_2}{1.1 \times d} \qquad (7\text{-}5)$$

式中　T——样品中蜡样芽孢杆菌菌落数；

　　　A_1——第一稀释度（低稀释倍数）蜡样芽孢杆菌典型菌落的总数；

　　　A_2——第二稀释度（高稀释倍数）蜡样芽孢杆菌典型菌落的总数；

　　　B_1——第一稀释度（低稀释倍数）鉴定结果为蜡样芽孢杆菌的菌落数；

　　　B_2——第二稀释度（高稀释倍数）鉴定结果为蜡样芽孢杆菌的菌落数；

　　　C_1——第一稀释度（低稀释倍数）用于蜡样芽孢杆菌鉴定的菌落数；

　　　C_2——第二稀释度（高稀释倍数）用于蜡样芽孢杆菌鉴定的菌落数；

　　1.1——计算系数（如果第二稀释度蜡样芽孢杆菌鉴定结果为0，计算系数采用1）；

　　　d——稀释因子（第一稀释度）。

（3）蜡样芽孢杆菌平板计数法的结果　根据 MYP 平板上蜡样芽孢杆菌的典型菌落数，按式（7-4）、式（7-5）计算，计为每克（毫升）样品中蜡样芽孢杆菌菌数，以 CFU/g（mL）表示；如 T 值为0，则以小于1乘以最低稀释倍数来计数。

方法二　蜡样芽孢杆菌 MPN 计数法

1. 确定鉴定

从每个平板选取5个典型菌落（小于5个全选），划线接种于营养琼脂平板做纯培养，（30±1）℃培养（24±2）h，进行确证实验，方法同上。

2. 蜡样芽孢杆菌 MPN 计数结果

根据证实为蜡样芽孢杆菌阳性的试管管数，查 MPN 检索表（附录二），报告每克（毫升）样品中蜡样芽孢杆菌的最可能数，以 MPN/g（mL）表示。

六、思考题

1. 如何区分蜡样芽孢杆菌和苏云金芽孢杆菌？
2. 蜡样芽孢杆菌计数程序有哪些？

发酵食品及原料中转基因成分的快速检测

　　转基因食品（Genetically modified-foods，简称 GMF），指的是利用转基因生物技术获得的转基因生物品系，并以该转基因生物为直接食品或为原料加工生产的食品。根据转基因食品来源的不同可分为植物性转基因食品、动物性转基因食品和微生物性转基因食品。当前转基因食品以植物性转基因食品为主，自 1996 年转基因作物商品化种植以来，全球转基因作物种植面积逐步扩大，在 2018 年达到了 1.917 亿公顷，涵盖全球 70 个国家或地区，其种植的作物种类也越来越丰富，包括大豆、玉米、水稻、番茄、木瓜等。

　　据统计，中国的转基因植物有 22 种，其中转基因大豆、马铃薯、烟草、玉米、花生、菠菜、甜椒、水稻、小麦等进行了田间试验，转基因棉花已经大规模应用。截至目前，我国共批准发放 7 种作物安全证书，耐贮存番茄、抗虫棉花、改变花色矮牵牛、抗病辣椒、抗病番木瓜、转植酸酶玉米和抗虫水稻；共批准发放境外研发商 5 种作物安全证书，分别是棉花（抗虫、抗除草剂）、甜菜（抗除草剂）、油菜（抗除草剂）、大豆（抗除草剂、品质改良）、玉米（抗虫、抗除草剂）。

　　目前，转基因食品的分析检测主要针对核酸及其表达产物蛋白质。近些年，我国颁布并实施了基于蛋白质水平的转基因蛋白成分检测的方法标准 GB/T 19495.8—2004《转基因产品检测　蛋白质检测方法》，涉及酶联免疫法和胶体金免疫技术等。基于蛋白质的检测方法，仅适用于未加工的食品和新鲜食品。基于 DNA 水平的转基因成分定性或定量检测的国家标准或企业标准众多，诸如 GB/T 19495.4—2018《转基因产品检测　实时荧光定性聚合酶链式反应（PCR）检测方法》、GB/T 19495.6—2004《转基因产品检测　基因芯片检测方法》、SN/T 3767—2014《出口食品中转基因成分环介导等温扩增（LAMP）检测方法》等，涉及了聚合酶链式反应（PCR）技术、基因芯片技术、环介导等温扩增（LAMP）技术等。根据实验方法和实验针对的外源基因或表达元件不同，有的方法可以分辨至转基因品系和含量，有的则仅能定性判定含有某种转基因成分。

实验一　发酵食品及原料中转基因成分通用实时荧光定量 PCR 检测

实时荧光定量 PCR 是在 PCR 反应体系中加入荧光基团，利用荧光信号积累实时监测整个 PCR 进程，并通过标准曲线对未知模板进行定量分析的方法，较普通 PCR 法更便捷灵敏。该法已普遍应用于水稻、玉米、大豆、油菜、马铃薯、甜菜、苜蓿等发酵食品原料中转基因成分的检测，最低检出限为 0.1%（质量分数）。酱油、食醋等深度发酵食品，由于发酵过程中核酸大分子降解程度较高，产品中 DNA 的提取受限，若能够提取获得满足检测需求的 DNA（满足国家标准 GB/T 19495.3—2004《转基因产品检测　核酸提取纯化方法》），则也可用此法进行检测。

采用该法进行转基因成分检测，其关键是对内源基因、外源基因/基因表达组件，及其引物和探针的选择。对于确定物种的转基因样品，可以有针对性地选择相应引物和探针；若不明确是否为转基因产品的样品，则需要对所有内源和外源基因进行检测。

一、实验目的

理解发酵食品及原料中转基因成分通用检测方法的原理，掌握实时荧光定量 PCR 方法进行转基因成分检测的方法和结果判定。

二、实验原理

实时荧光 PCR 定量检测是在 PCR 反应体系中，加入了与模板 DNA 匹配的具有荧光标记的探针，随着 PCR 反应产物累积，荧光信号强度也等比例增加。通过荧光强度变化监测产物量的变化，从而得到一条荧光扩增曲线。当荧光信号超过所设定的阈值时，荧光信号可被检测出来。每个模板的 Ct 值（反应管内的荧光信号达到设定的阈值时所经历的循环数）与该模板起始拷贝数的对数存在线性关系，起始拷贝数越多，Ct 值越小。利用已知起始拷贝数的基体标准物质或质粒标准分子可制备标准曲线，其中横坐标代表起始拷贝数的对数，纵坐标代表 Ct 值。因此，只要获得未知样品的 Ct 值，即可通过制备的标准曲线计算出该样品的内标准基因和测定品系的起始拷贝数，计算测定品系与内标基因核酸起始拷贝数的比值（百分数）即为测定品系的相对百分含量。

三、实验试剂与仪器

1. 试剂

（1）实时荧光 PCR 预混液　采用经验证符合实时荧光 PCR 要求的预混液。如：Taq DNA 聚合酶（5U/μL）、PCR 反应缓冲液、$MgCl_2$（3～7mmol/L）、dNTPs（含 dATP、dUTP、dCTP、dGTP）、UNG 酶等混合配制的溶液。

（2）ROX　荧光校正试剂（50×，使用时稀释至 1×）。

（3）引物和探针　根据表 8-1 的序列合成引物和探针，加双蒸水配制成 100μmol/L 储备液，用于实时荧光 PCR 扩增的引物和探针浓度为 10μmol/L。

（4）500mmol/L 乙二胺四乙酸二钠溶液（pH 8.0）　称取 18.6g 乙二胺四乙酸二钠，加入 70mL 水中，并用 NaOH 溶液调节 pH 至 8.0，加水定容至 100mL。在 103.4kPa（121℃）条件下灭菌 20min。

（5）1mol/L 三羟甲基氨基甲烷-盐溶液（pH 8.0）　称取 121.1g 三羟甲基氨基甲烷溶解于 800mL 水中，用盐酸调节 pH 至 8.0，加水定容至 1000mL。在 103.4kPa（121℃）条件下灭菌 20min。

（6）TE 缓冲液（pH 8.0）　分别量取 10mL 1mol/L 三羟甲基氨基甲烷-盐溶液和 2mL 500mmol/L 乙二胺四乙酸二钠溶液，加水定容至 1000mL。在 103.4kPa（121℃）条件下灭菌 20min。

注意：除特别说明外，所有试剂均为分析纯或生化试剂，实验用水应符合 GB/T 6682—2008《分析实验室用水规格和试验方法》中一级水的规格。

（7）引物和探针　内源和外源基因或元件检测引物和探针信息见表 8-1，用 TE 缓冲液或双蒸水稀释。确定物种选用基因或元件见表 8-2。

使用时，引物稀释终浓度为 400nmol/L，探针稀释终浓度为 200nmol/L。

表 8-1　　　　　　　　　　　　　　引物和探针信息表

靶标	引物名称	序列（5′-3′）	目的片段大小/bp
18S rRNA 内源基因	上游引物	CCTGAGAAACGGCTACCAT	
	下游引物	CGTGTCAGGATTGGGTAAT	137
	探针	TGCGCGCCTGCTGCCTTCCT	
CaMV 35S 启动子	上游引物	TTCCAACCACGTCTTCAAAGC	
	下游引物	GGAAGGGTCTTGCGAAGGATA	95
	探针	CCACTGACGTAAGGGATGACGCACAATCC	
CaMV 35S 终止子	上游引物	TCACCAGTCTCTCTCTACAAATCTATC	
	下游引物	CAACACATGAGCGAAACCCTATAA	101
	探针	TGTGTGAGTAGTTCCCAGATAAGGGAATTAGGGT	
NOS 终止子	上游引物	GCATGACGTTATTTATGAGATGGG	
	下游引物	TCCTAGTTTGCGCGCTATATTT	97
	探针	AGAGTCCCGCAATTATACATTTAATACGCG	
pat 基因	上游引物	GGAGAGGAGACCAGTTGAGATTAG	
	下游引物	GTGTTTGTGGCTCTGTCCTAAAG	119
	探针	ATCACAAACCGCGGCCATATCAGCTGC	

续表

靶标	引物名称	序列（5′–3′）	目的片段大小/bp
Pin Ⅱ 终止子	上游引物	GACTTGTCCATCTTCTGGATTGG	105
	下游引物	CACACAACTTTGATGCCCACAT	
	探针	AGTGATTAGCATGTCACTATGTGTGCATCC	
*E*9 终止子	上游引物	TCTTGTACCATTGTTGTGCTTGT	108
	下游引物	GGACCATATCATTCATTAACTCTTCTCC	
	探针	CGGTTTTCGCTATCGAACTGTGAAATGGAAATGG	
*RbcS*4 启动子	上游引物	CCACTCCACCATCACACAATTTC	112
	下游引物	GGAGAGGTGTTGAGACCCTTATC	
	探针	ACGTGGCATTATTCCAGCGGTTCAAGCC	
DAS40278 5′边界序列	上游引物	CACGAACCATTGAGTTACAATC	88
	下游引物	TGGTTCATTGTATTCTGGCTTTG	
	探针	CGTAGCTAACCTTCATTGTATTCCG	
DP305423 3′边界序列	上游引物	CGTCTTCTCTTTTTGGCTAGC	93
	下游引物	GTGACCAATGAATACATAACACAAACTA	
	探针	TGACACAAATGATTTTCATACAAAAGTCGAGA	
CV127 5′边界序列	上游引物	AACAGAAGTTTCCGTTGGAGCTTTAAGAC	98
	下游引物	CATTCGTAGCTCGGATCGTGTAC	
	探针	TTTGGGGAAGCTGTCCCATGCCC	

资料来源：GB/T 38505—2020《转基因产品通用检测方法》.

表 8-2 确定物种选用基因或元件

物种	选用基因/元件
大豆及其加工产品	内源基因、CaMV35S 启动子、*NOS* 终止子、*pat* 基因、*Pin* Ⅱ 终止子、*E*9 终止子、*RbcS*4 启动子、DP305423 3′边界序列、CV127 5′边界序列
玉米及其加工产品	内源基因、CaMV35S 启动子、CaMV35S 终止子、*NOS* 终止子、*pat* 基因、*Pin* Ⅱ 终止子、DAS40278 5′边界序列
油菜及其加工产品	内源基因、CaMV35S 启动子、CaMV35S 终止子、*NOS* 终止子、*E*9 终止子、*Pin* Ⅱ终止子
水稻及其加工产品	内源基因、CaMV35S 启动子、CaMV35S 终止子、*NOS* 终止子
马铃薯及其加工产品	内源基因、*NOS* 终止子、*RbcS*4 启动子
苜蓿及其加工产品	内源基因、*NOS* 终止子、*E*9 终止子
甜菜及其加工产品	内源基因、*E*9 终止子

资料来源：GB/T 38505—2020《转基因产品通用检测方法》.

2. 主要仪器

（1）样品粉碎仪或研磨机。

（2）恒温孵育器或水浴锅。

（3）实时荧光 PCR 仪。

（4）离心机。

（5）高压灭菌锅。

（6）涡旋振荡器。

（7）核酸蛋白分析仪或紫外分光光度计。

（8）微量移液器。

（9）纯水机。

四、实验步骤

1. 取样和制样

按照 GB/T 19495.7—2004《转基因产品检测 抽样和制样方法》中规定的方法执行。要求抽取及制备的样品具有代表性；确保抽样器具清洁、干燥无污染。

2. DNA 模板制备

按照 GB/T 19495.1—2004《转基因产品检测 通用要求和定义》和 GB/T 19495.3—2004《转基因产品检测 核酸提取纯化方法》的规定执行，或可采用具有相同效果的植物基因平行重复，且每次提取必须设置空白对照。

3. DNA 浓度测定

采用紫外分光光度法测定 DNA 浓度。将 DNA 溶液做适当的稀释（A 值应该在 $0.2 \sim 0.8$），于波长 260nm 处测定其吸光度 A_{260nm}，根据测定的 A 值计算 DNA 浓度（260nm 处 $1A$ 相当于 50ng/mL 双链 DNA）；于波长 280nm 处测定其吸光度 A_{280nm}，根据测定的 A 值计算 DNA 溶液的 A_{260nm}/A_{280nm} 比值，比值应在 $1.8 \sim 2.0$。

4. 实时荧光定量 PCR 检测

（1）阴性对照、阳性对照和空白对照的设置 以非转基因样品为阴性对照，以对应的转基因植物样品品系或含有相应外源基因的转基因植物样品基因组 DNA，或含有上述片段的质粒标准分子 DNA 为阳性对照，以水或 TE 缓冲液为空白对照。

（2）实时荧光定量 PCR 反应体系 PCR 反应体系见表 8-3 或按照经验证符合要求的试剂盒推荐体系进行配制。每个 DNA 样品做 2 个平行管。加样时应使样品 DNA 溶液完全加入反应液中，不要黏附于管壁上，加样后应尽快盖紧管盖。

表 8-3 实时荧光定量 PCR 反应体系

试剂名称	终浓度	加样体积/μL
实时荧光 PCR 预混液 2X	1×	12.5
上游引物（10μmol/L）	0.4μmol/L	1
下游引物（10μmol/L）	0.4μmol/L	1
探针（10μmol/L）	0.2μmol/L	0.5

续表

试剂名称	终浓度	加样体积/μL
DNA 模板（50ng/>L）	4.0ng/μL	2
双蒸水	—	补至 25

注：反应体系中各试剂的量可根据反应体系的总体积进行适当调整。

资料来源：GB/T 38505—2020《转基因产品通用检测方法》.

（3）实时荧光定量 PCR 仪器参数设置　设置 PCR 反应管荧光信号收集条件，应与探针标记的报告基团一致。具体设置方法可参照仪器使用说明书。

实时荧光 PCR 扩增反应参数：50℃，2min；95℃，10min；95℃，15s，60℃，60s，大于或等于 40 个循环，建议设置 42 个循环。

注：95℃/10min 专门适用于化学变构的热启动 Taq 酶。以上参数可根据不同型号实时荧光 PCR 仪和所选 PCR 扩增试剂体系不同做调整。

设置完成后，按既定程序开启 PCR 反应程序即可。

5. 标准曲线制备

常采用基体标准或质粒标准分子 DNA 进行标准曲线制备。要求至少设置 5 个浓度点，且设置的最低浓度点应该尽量接近该扩增目标的定量下限。标准曲线上的每个浓度应至少做 3 个平行重复。

（1）基于基体标准物质的标准曲线制备　将基体标准物质基因组 DNA（或基因组 DNA 标准物质）稀释至合适浓度，再做梯度稀释。例如，可采用 5 倍梯度对 DNA 模板进行稀释至 4×10^4 拷贝、8×10^3 拷贝、1600 拷贝、320 拷贝和 25 拷贝，其中 25 拷贝为定量下限模板浓度，必须设置。采用稀释后的 DNA 溶液进行实时荧光 PCR 扩增，制备标准曲线。每个浓度模板 DNA 设置至少 3 个平行重复扩增，扩增后，根据扩增 Ct 值（每个反应管内的荧光信号达到设定的阈值时所经历的循环数）与样品浓度（拷贝数）对数值间的线性关系，制备标准曲线。标准曲线即以 DNA 拷贝数的对数作为横坐标，Ct 值作为纵坐标作图，并获得标准曲线方程。

（2）基于质粒标准分子的标准曲线制备　将含有目标转基因品系和植物内标准基因的质粒标准分子 DNA 溶液进行梯度稀释。例如：可采用 10 倍梯度稀释至 10^6 拷贝、10^5 拷贝、10^4 拷贝、10^3 拷贝、10^2 拷贝和 25 拷贝，其中 25 拷贝为定量下限模板浓度，必须设置。采用稀释后的 DNA 溶液进行实时荧光 PCR 扩增制备标准曲线。扩增后，根据扩增 Ct 值与样品浓度（拷贝数）对数值间的线性关系制备标准曲线。标准曲线即以 DNA 拷贝数的对数作为横坐标，Ct 值作为纵坐标作图，并获得标准曲线方程。

在对实际样品中转基因品系进行定量时，需要测定 Cf 值（采用质粒标准分子作为标准物质进行转基因成分定量检测的转换系数），以弥补质粒 DNA 与植物基因组 DNA 的背景差异。采用一定百分比含量的转基因植物材料（包括基体标准物质）基因组 DNA（浓度在 $10^2 \sim 10^5$ 拷贝）进行 Cf 值的测定。即采用基因组 DNA 分别扩增内标准基因和品系特异性序列，扩增反应均设置 3 个平行重复，然后根据上述基于质粒标准分子获得的标准曲线方程计算出基因组 DNA 的内标准基因和品系特异性序列拷贝数，再根据式（8-1）计算 Cf 值。

$$Cf = \frac{CP_{evnt}}{CP_{ref} \times pct_{gmo}}\tag{8-1}$$

式中　　CP_{evnt}——品系特异性序列拷贝数；

$\quad\quad CP_{ref}$——内标准基因拷贝数；

$\quad\quad pct_{gmo}$——转基因植物材料目标品系含量，如采用纯合转基因植物材料进行测定，则目标品系含量为 100%。

五、实验结果与分析

1. 质量控制

下述指标有一项不符合者，需重新进行实时荧光 PCR 扩增：

（1）空白对照　内源标准基因扩增 Ct 值>40，待测基因扩增 Ct 值>40；

（2）阴性对照　内源标准基因扩增 Ct 值<30，待测基因扩增 Ct 值>40；

（3）阳性对照　内源标准基因扩增 Ct 值<30，待测基因扩增 Ct 值<35。

被检测的样品核酸浓度应在标准曲线测定范围内，如不在标准曲线测定范围内，则需对样品核酸浓度进行适当调整后重新进行检测。

2. 结果计算

（1）样品 DNA 浓度与拷贝数间的换算　将样品 DNA 浓度换算为 DNA 拷贝数可参照式（8-2）进行计算：

$$Cp_{DNA} = \frac{6.022 \times 10^{23} \times cont_{DNA}}{len_{DNA} \times 10^9 \times 660}\tag{8-2}$$

式中　　Cp_{DNA}——DNA 拷贝数；

$\quad\quad cont_{DNA}$——DNA 量，ng；

$\quad\quad len_{DNA}$——基因组 DNA 长度，bp。

（2）样品中目标转基因品系百分含量计算　当采用基体标准物质（包括基因组 DNA 标准物质）制备标准曲线时，样品中目标转基因品系百分含量按照式（8-3）进行计算：

$$pct_{tgt} = \frac{CP_{evnt}}{CP_{ref}} \times 100\%\tag{8-3}$$

式中　　pct_{tgt}——目标转基因品系含量；

$\quad\quad CP_{evnt}$——品系特异性序列拷贝数；

$\quad\quad CP_{ref}$——内标准基因拷贝数。

当采用质粒标准分子制备标准曲线时，样品中目标转基因品系百分含量按照式（8-4）进行计算：

$$pct_{tgt} = \frac{CP_{evnt}}{CP_{ref} \times Cf} \times 100\%\tag{8-4}$$

（3）样品转基因成分含量计算　每个提取平行重复的转基因品系含量为 3 次扩增平行重复计算出的转基因成分含量的平均值。

3. 结果表述

（1）若检出物种内标准基因，但未检出目标品系特异性序列　未检出转基因××（植物名称）××品系（品系名称）。

（2）检出物种内标准基因和品系特异性序列，但含量小于定量下限　检出转基因××（植物名称）××品系（品系名称）。

（3）检出物种内标准基因和目标品系特异性序列，且含量在标准曲线测定范围内检出转基因××（植物名称）××品系（品系名称），含量为 $X\%$。

六、思考题

1. 采用荧光定量 PCR 方法进行发酵食品中转基因成分检测，其关键环节是哪些？为什么？

2. 本实验中所选用的待测基因，主要是转基因过程中所用的外源基因或基因表达元件，如此是否能做到品系特异性检测？如何实现品系特异性检测？

实验二　发酵食品及原料中转基因成分的 LAMP 方法检测

等温扩增技术是近些年快速发展起来的快速核酸检测技术，因其扩增过程不需要特殊仪器和温度循环就能快速、高效地实现扩增，并且成本低、特异性强、灵敏度高。核酸等温扩增技术有很多种，如环介导等温扩增（Loop-mediated isothermal amplification，LAMP）、依赖核酸序列的扩增、滚环扩增检测技术和重组酶聚合酶扩增技术等。在转基因检测领域中，环介导等温扩增技术应用较多，2014 年，中国检验检疫科学院联袂多家单位，联合制定了 SN/T 3767—2014《出口食品中转基因成分环介导等温扩增（LAMP）检测方法》标准，共分为 30 部分，对流通较多的玉米、水稻、大豆、小麦、甜菜、油菜等进行了品系特异性的定性检测。

玉米、水稻、大豆、小麦等，均是发酵食品的重要原料，本实验以玉米 Bt176 品系特异性的 LAMP 检测方法为例进行说明，适用于玉米及其发酵等加工产品中玉米 Bt176 品系特异性的定性检测。

一、实验目的

了解环介导等温扩增技术在转基因食品检测中的应用，掌握其基本原理和实验方法。

二、实验原理

根据转基因玉米 Bt176 品系外源基因和玉米边界序列设计的内、外、环状引物各一对，引物特异性识别目标序列上的 6 个独立区域，以待测样品 DNA 为模板，利用 Bst 酶启动循环链置换反应，在玉米 Bt176 品系特异目标序列启动互补链合成，在同一链上互补序列周而复始形成有很多环的花椰菜结构的茎-环 DNA 混合物；从 dNTP 析出的焦磷酸根离子与反应溶液中的 Mg^{2+} 结合，产生副产物（焦磷酸镁），形成乳白色沉淀，加入 SYBR Green I 进行显色，通过颜色变化判定结果。

显色原理：SYBR Green I 是一种高灵敏的 DNA 荧光染料，可以嵌入方式结合到双链 DNA 的小沟内。当它与双链 DNA 结合时，荧光信号是游离状态的 800～1000 倍。不发生扩增反应时，SYBR Green Ⅰ的荧光信号不发生改变，颜色显现为橙色；当发生扩增反应时，随着双链 DNA 的增加，SYBR Green Ⅰ的荧光信号也随之大幅度增强，其信号强度可代表双链 DNA 分子的数量，同时颜色由橙色变为绿色。

三、实验试剂与仪器

1. 试剂

（1）dNTPs 溶液　每种核苷酸浓度 10mmol/L。

（2）*Bst* DNA 聚合酶（如 NEB 公司或具有同等效果的 DNA 聚合酶）　酶浓度 8U/μL。

（3）10 Thermol Pol 缓冲液　含 200mmol/L Tris-HCl（pH 为 8.8）、100mmol/L 硫酸铵、100mmol/L 氯化钾、20mmol/L 硫酸镁、1% Triton X-100。

（4）硫酸镁溶液　150mmol/L。

（5）甜菜碱　5mol/L。

（6）显色液　SYBR Green Ⅰ荧光染料，1000。

（7）引物　根据转基因玉米 Bt176 品系外源基因和玉米边界序列设计一套特异性引物，包括外引物 1、外引物 2、内引物 1、内引物 2、环状上游引物和环状下游引物。

外引物扩增片段长度：250bp

外引物 1（F3，5′-3′）：CATGACGTGGGTTTCTGG

外引物 2（B3，5′-3′）：GCGAGAACACGAGAAGAG

内引物 1（FIP，5′-3′）：CCAAGGCTTCAAGGCCATTGACCGAGATCTGATGTTCTCT

内引物 2（BIP，5′-3′）：GCTCCCTCTCTCTCCCTCTCATGTGGGAGGGAGAACTC

上游环引物（FLP，5′-3′）：ATGGCGTGCATCAATGGA

下游环引物（BLP，5′-3′）：TCCTATAAAGTCGATACCACGC

注：除另有规定外，所有试剂均为分析纯或生化试剂。实验用水应符合 GB/T 6682—2008《分析实验室用水规格和试验方法》中一级水的规格。

2. 主要仪器

（1）样品粉碎仪或研磨机。

（2）恒温孵育器或水浴锅。

（3）实时荧光 PCR 仪。

（4）离心机。

（5）高压灭菌锅。

（6）涡旋振荡器。

（7）核酸蛋白分析仪或紫外分光光度计。

（8）微量移液器。

（9）纯水机。

四、实验步骤

1. 取样和制样

按照 GB/T 19495.7—2004《转基因产品检测　抽样和制样方法》中规定的方法执

行。要求抽取及制备的样品具有代表性；确保抽样器具清洁、干燥无污染。

2. DNA 模板制备

按照 GB/T 19495.1—2004《转基因产品检测　通用要求和定义》和 GB/T 19495.3—2004《转基因产品检测　核酸提取纯化方法》的规定执行。或可采用具有相同效果的植物基因平行重复，且每次提取必须设置空白对照。

3. DNA 浓度测定

采用紫外分光光度法测定 DNA 浓度，将 DNA 溶液做适当的稀释（A 值应该在 0.2~0.8），于波长 260nm 处测定其吸光度 A_{260nm}，根据测定的 A 值计算 DNA 浓度（260nm 处 $1A$ 相当于 50ng/mL 双链 DNA）；于波长 280nm 处测定其吸光度 A_{280nm}，根据测定的 A 值计算 DNA 溶液的 A_{260nm}/A_{280nm} 比值，比值应在 1.8~2.0。

4. LAMP 反应

（1）阴性对照、阳性对照和空白对照设置

阴性对照：采用不含有待测基因序列的植物基因组 DNA 为模板；

阳性对照：采用含有目标基因序列的植物 DNA 或质粒 DNA 作为模板，浓度应略高于方法检测低限。

空白对照：提取 DNA 时设置的提取空白对照（以水代替样品）；LAMP 反应的空白对照（以 DNA 溶解液 TE 代替 DNA 模板）。

（2）内源基因检测　检测前应先进行内源基因检测，结果阳性则表明从样品中提取的 DNA 可以进行外源基因检测；否则应重新进行 DNA 提取和纯化。内源基因的检测参照 SN/T 3767.2—2014《出口食品中转基因成分环介导等温扩增（LAMP）检测方法　第2部分：筛选方法》的规定进行。

（3）玉米 Bt176 品系 LAMP 反应体系　LAMP 反应体系见表 8-4。每个样品各做 2 个平行管。加样时应使样品 DNA 溶液完全加入反应液中，不要黏附于管壁上。在反应体系配制完成后，将 1μL 显色液滴在管盖内侧，盖管盖时应小心，防止显色液混合进入反应液中。

表 8-4　　　　　　　　　　　玉米 Bt176 品系 LAMP 反应体系

组分	工作液浓度	加样量/ μL	反应体系终浓度
Thermo Pol 缓冲液		2.5	1×
外引物 1（F3）	10μmol/L	0.5	0.2μmol/L
外引物 2（B3）	10μmol/L	0.5	0.2μmol/L
内引物 1（FIP）	40μmol/L	1.0	1.6μmol/L
内引物 2（BIP）	40μmol/L	1.0	1.6μmol/L
上游环引物（FLP）	20μmol/L	1.0	0.8μmol/L
下游环引物（BLP）	20μmol/L	1.0	0.8μmol/L
dNTPs	10mmol/L	4	1.6mmol/L
甜菜碱	5mol/L	4	0.8mol/L

续表

组分	工作液浓度	加样量/μL	反应体系终浓度
硫酸镁	150mmol/L	1	6mmol/L
*Bst*DNA 聚合酶	8U/μL	1	0.32U/μL
DNA 模板	100ng/μL	2	8ng/μL
水	—	补足至 25.0	—

资料来源：SN/T 3767.4—2014《出口食品中转基因成分环介导等温扩增（LAMP）检测方法　第 4 部分：玉米 Bt176 品系》。

（4）LAMP 反应参数设计　（63±0.5）℃恒温扩增 90min，（80±0.5）℃ 5min 使酶灭活，反应结束。

（5）显色反应　反应结束后，将显色液与反应液上下颠倒轻轻混匀，立即在黑色背景下进行颜色观察。

5. 质量控制

基本原则为，实验中设置的各种对照 LAMP 检测结果应符合以下情况。否则，任一种对照如果出现非下述正常结果，应重做实验。

空白对照：反应管中液体呈橙色；

阴性对照：反应管中液体呈橙色；

阳性对照：反应管中液体呈绿色。

五、实验结果与分析

1. 检测结果判断和确证

待测样品两个平行样反应管中液体均呈橙色，同时各种实验对照结果正常，可判断该样品检测结果为阴性；待测样品两个平行样反应管中液体至少一管呈橙色，同时各种实验对照结果正常，可判断该样品转基因玉米 Bt176 品系初筛阳性，还应通过实时荧光定量 PCR 进行检测，或对外引物对扩增的产物进行序列测定，进一步判断检测结果是否为阳性。

2. 结果表述

若检测结果为阴性，表述为：该样品未检出转基因玉米 Bt176 品系；若检测结果转基因玉米 Bt176 品系初筛阳性，应按照确证实验情况进行结果判断和表述。

六、思考题

1. 环介导等温扩增的原理是什么？

2. 环介导等温扩增的优缺点分别有哪些？

3. 该实验条件下环介导等温扩增方法，进行玉米 Bt176 品系的定性检测，查阅资料回答，如何采用此法实现定量检测？

4. 采用该实验方法进行玉米其他品系或其他转基因食品的检测，该如何实现？

实验三　发酵食品及原料中转基因成分的基因芯片技术检测

基因芯片又称 DNA 芯片，是基于核酸水平的高通量检测方法。基因芯片采用多重 PCR 和芯片的多基因并行杂交技术，可同时检测多个基因，灵敏度可达到 0.5%，在检测多品种混合的转基因产品时具有显著优势，转基因成分最低检测限是 0.1%。利用基因芯片不但可对转基因食品进行定性检测，还可以定量检测其种类。

由全国生物芯片标准化技术委员会（SAC/TC 421）提出并归口，制定了 GB/T 33807—2017《玉米中转基因成分的测定　基因芯片法》，规定了玉米及玉米加工产品中转基因成分的基因芯片检测方法。该法适用于转 EPSPS 基因、PAT 基因、BAR 基因耐除草剂玉米和转 Bt 基因（CrylA105、CrylAb）抗虫玉米中转基因成分的定性检测，也适用于玉米发酵等加工产品中转基因成分的定性检测。

一、实验目的

了解基因芯片法在发酵食品工业领域的应用，理解该法检测发酵食品及其原料中转基因成分的原理和方法。

二、实验原理

待检样品经 DNA 模板提取和核酸定量，采用多重 PCR 扩增体系，扩增其中可能含有的转基因玉米转基因特异性扩增序列，PCR 扩增产物与固定有目标转基因特异性探针的基因芯片进行杂交，检测结果可以用肉眼直接判断，或用芯片识读仪进行扫描并判定结果。

三、实验试剂与仪器

1. 实验试剂

（1）乙二胺四乙酸二钠，分析纯。

（2）十二烷基硫酸钠，分析纯。

（3）氢氧化钠。

（4）氯化钠。

（5）磷酸二氢钠。

（6）碱性磷酸酶标记链霉亲和素。

（7）碱性磷酸酶化学显色底物　NBT/BCIP。

（8）多重 PCR 即用型预混液。

（9）多重 PCR 引物预混液。

（10）$2 \times$ SSPE 缓冲液　$3mol/L$ NaCl、$200mmol/L$ NaH_2PO_3、$20mmol/L$ EDTA，pH 7.4。

（11）去活化液　$100mmol/L$ NaOH。

（12）去活化清洗液/杂交液　$2 \times$ SSPE、0.1%SDS。

（13）杂交清洗液/酶孵育液/孵育清洗液1　$2 \times$ SSPE、0.5%SDS。

（14）孵育清洗液2　$2 \times$ SSPE。

（15）底物显色液　碱性磷酸酶化学显色底物 NBT/BCIP 显色液。

（16）目标引物和探针序列参考 GB/T 33807—2017《玉米中转基因成分的测定　基因芯片法》，引物序列见表 8-5。

表 8-5 　　　　　　　　　　　　　PCR 反应使用的引物序列

目标基因	引物名称	序列	产物大小
EPSPS	上游引物	5′-GCGCGATCATACGGAAAAGAT-3′	123bp
	下游引物	5′-biotin-TCGATGACTTGGCCGGTG AG~3′	
PAT	上游引物	5′-TG ATATGGCCGCGGTTTGTG AT-3′	180bp
	下游引物	5′-biotin GGCCCAGCGTAAGCAATACC. -3′	
BAR	上游引物	5′-CACCTGCTGAAGTCCCTG A-3′	193bp
	下游引物	5′-biotin-GTACCGGCAGGCTGAAGTCCA-3′	
CrylA105	上游引物	5′ACTCGATCAGGTACAATGCA-3′	113bp
	下游引物	5′-biotin-GCATCTGTTAGGCTCTCCAC-3′	
Cryl Ab	上游引物	5′-GACATGAACAGCGCCTTGAC-3′	164bp
	下游引物	5′-biotin-TTGATGGTTGCAGCATCGA A-3′	
FMV35S-P	上游引物	5′-AGTCCAAAGCCTCAACAAGG~3′	168bp
	下游引物	5′-biotin-CCCACTAACTTTAAGTCTTCGGTG-3′	
CaMV35S-P	上游引物	5′-GGCCATCGTTGAAGATGCCTC-3′	144bp
	下游引物	5′-biotin-TCATCCCTTACGTCAGTGG A-3′	
CaMV35S-T	上游引物	5′-CCAGATAAGGGAATTAGGGTTG-3′	132bp
	下游引物	5′-biotin-ACTGGATTTTGGTTTTAGGAATTAGA-3′	
NOS-3′	上游引物	5′-TGCATGACGTTATTTATGAGATGGGTTT-3′	113bp
	下游引物	5′-bioiin^GCGCGCGATAATTTATCCTAGTTT-3′	
Ivrl	上游引物	5′-GCTCCTAGCATTCCACGTCC-3′	117bp
	下游引物	5′-biotin-CCCTTGTGAT ACAGCGGACCT-3′	

资料来源：GB/T 33807—2017《玉米中转基因成分的测定　基因芯片法》.

2. 标准样品

（1）转基因玉米标准品 Bt11 品系　含待测基因 Cry1Ab、PAT、CaMV35S-P，NOS 3′。

（2）转基因玉米标准品 CBH-351 品系　含待测基因 BAR、CaMV35S-P，CaMV35S-T，NOS 3′。

（3）转基因玉米标准品 TC1507 品系　含待测基因 PAT、CaMV35S-P，CaMV35S-T。

（4）转基因玉米标准品 MON88017 品系　含待测基因 EPSPS、CaMV35S-P，CaMV35S-T。

（5）转基因玉米标准品 MON89034 品系　含待测基因 Cry1A105、CaMV35S-P，FMV35S-P，NOS 3′。

3. 实验仪器

（1）基因扩增仪。

（2）超净工作台。

（3）高压灭菌锅。

（4）制冰机。

（5）核酸蛋白分析仪。

（6）冷藏冷冻冰箱。

（7）纯水仪。

（8）研磨仪。

（9）分析天平。

（10）膜芯片识读仪。

（11）台式离心机。

四、实验步骤

1. 取样和制样

按照 GB/T 19495.7—2004《转基因产品检测　抽样和制样方法》中规定的方法执行。要求抽取及制备的样品具有代表性；确保抽样器具清洁、干燥无污染。

2. DNA 模板制备

按照 GB/T 19495.1—2004《转基因产品检测　通用要求和定义》和 GB/T 19495.3—2004《转基因产品检测　核酸提取纯化方法》的规定执行。或可采用具有相同效果的植物基因平行重复，且每次提取必须设置空白对照。

3. DNA 浓度测定

采用紫外分光光度法测定 DNA 浓度，将 DNA 溶液做适当的稀释（A 值应该在 $0.2\sim0.8$），于波长 260nm 处测定其吸光度 A_{260nm}，根据测定的 A 值计算 DNA 浓度（260nm 处 $1A=50$ng/mL 双链 DNA）；于波长 280nm 处测定其吸光度 A_{280nm}，根据测定的 A 值计算 DNA 溶液的 A_{260nm}/A_{280nm} 比值，比值应在 $1.8\sim2.0$。

4. PCR 扩增

将核酸提取物加入到 PCR 反应体系进行扩增。

（1）PCR 反应体系　按照表 8-6 配制 PCR 反应体系。每次试验中，利用转基因玉米标准品的基因组 DNA 作为阳性质控，非转基因玉米标准品的基因组 DNA 作为阴性质控，核酸提取空白作为空白质控，以对后续的 PCR 扩增体系、膜芯片杂交反应进行质控。

表 8-6　　　　　　　　　　PCR 反应体系体积（50μL）

反应液组成	检测反应	阳性质控	阴性质控	空白质控
Multiplex PCR Master Mix	25μL	25μL	25μL	25μL
Multiplex PCR primer Mix	5μL	5μL	5μL	5μL
检测样品基因组 DNA	200ng	—	—	—
转基因玉米标准品基因组 DNA	—	200ng	—	—
非转基因玉米标准品基因组 DNA	—	—	200ng	—
核酸提取空白	—	—	—	10μL
无核酸酶灭菌水	至 50μL	至 50μL	至 50μL	至 50μL

资料来源：GB/T 33807—2017《玉米中转基因成分的测定　基因芯片法》.

（2）PCR 反应条件　37℃，10min；95℃，10min；以下进行 40 个循环：95℃，30s；55℃，30s；72℃，30s；72℃，10min。

5. 膜芯片杂交

（1）杂交体系　杂交液 979μL、PCR 产物 20μL、阳性寡核苷酸单链 DNA 1μL。

（2）酶孵育体系　杂交液 999.5μL、碱性磷酸酶标记链霉亲和素 0.5μL。使用前新鲜配制。

（3）杂交酶联及显色　按膜芯片自动杂交仪操作说明书开机，预热，之后将包装有膜芯片的杂交盒放入自动杂交仪中开始杂交过程，依次自动完成去活化、杂交、清洗、酶孵育、显色等步骤。

6. 膜芯片结果判读

（1）目测判读　显色后的膜芯片可以用肉眼直接判读检测结果。阳性杂交信号为肉眼明显可见的蓝色斑点。如果杂交点部位没有显色，和膜芯片背景相同，则判读为阴性杂交信号。

（2）膜芯片识读仪判读　膜芯片显色后，使用膜芯片识读仪进行扫描分析，根据杂交点的灰度值判断检测结果。阳性杂交信号的判断阈值是 3 倍背景灰度值加上 3 倍背景灰度值标准差。

五、实验结果与分析

1. 质量控制

（1）核酸提取空白对照和多重 PCR 扩增试剂空白对照　膜芯片上内源基因探针点杂交信号阴性，转基因探针点杂交信号阴性，阳性对照探针点杂交信号阳性，阴性对照探针点杂交信号阴性。

（2）非转基因标准品对照　膜芯片上内源基因探针点杂交信号阳性，转基因探针点杂交信号阴性；阳性对照探针点杂交信号阳性，阴性对照探针点杂交信号阴性。

（3）转基因标准品对照　膜芯片上内源基因探针点杂交信号阳性，转基因探针点杂交信号阳性，阳性对照探针点杂交信号阳性，阴性对照探针点杂交信号阴性。

（4）质量控制原则　膜芯片杂交检测结果应符合以上 3 种情况。如果出现非所述的杂交结果，则应判断实验不成功，需重做实验。

2. 结果判断

（1）样本检测结果中阳性对照探针点杂交信号阴性，可初步判读膜芯片杂交过程不成功，应确认各杂交试剂是否过期或保存条件不当，更换可疑试剂后重新试验。

（2）样本检测结果中内源基因探针点杂交信号阴性，表明未能从样本中提取出适宜多重 PCR 扩增的核酸模板，需要重新进行样本核酸提取和多重 PCR 扩增。

（3）样本检测结果中内源基因探针点杂交信号阳性，转基因探针点杂交信号阴性，表明样本核酸提取、多重 PCR 扩增和膜芯片杂交过程正常，判断样本中未检出测定转基因成分。

（4）样本检测结果中内源基因探针点杂交信号阳性，各转基因探针点杂交信号部分或全部阳性，表明样本核酸提取、多重 PCR 扩增和膜芯片杂交过程正常，判读样本中存在阳性信号点对应的转基因成分。

3. 结果表述

（1）未检出　未检出××基因，阴性质控探针杂交点、阳性质控探针杂交点检测结果正常。

（2）检出　检出××基因，阴性质控探针杂交点、阳性质控探针杂交点检测结果正常。

六、思考题

1. 基因芯片法检测发酵食品原料中转基因成分的操作要点有哪些？
2. 简述基因芯片法的原理及其在食品原料中转基因成分检测中的优势有哪些？
3. 本实验还可以怎样改进以提高检测的效率和灵敏度？

实验四　发酵食品及其原料中 CP4 EPSPS 蛋白的 ELISA 检测

蛋白质水平的检测是根据免疫学的原理，即利用转基因产品中表达的特定蛋白作为抗原和抗体特异性结合的原理对转基因产品进行快速检测。目前，酶联免疫吸附法（Enzyme-linked immunosorbent assay，ELISA）和侧向流动免疫测定（Lateral flow devices，LFD）是 2 种最主要的基于蛋白质水平的转基因产品检测方法。

CP4-EPSPS 是从土壤农杆菌 CP4 菌株中克隆的 EPSPS 基因（5-烯醇式丙酮酰莽草酸-3-磷酸合酶，5-enolpyruvyl-shikimate-3-phosphate synthase，EPSPS），美国孟山都公司于 1996 年将其导入大豆，获得抗除草剂草甘膦的转基因大豆并实现商业化种植，该基因目前已被广泛导入水稻、玉米、棉花、小麦等农作物，以便于利用草甘膦消除田间杂草以降低人工成本。

本实验以大豆及其初加工产品中 CP4 EPSPS 蛋白检测为例，说明基于蛋白质水平的 ELISA 在发酵食品及原料中转基因成分检测的应用，该法来源于 GB/T 19495.8—2004《转基因产品检测　蛋白质检测方法》，也适用于含有 CP4 EPSPS 蛋白的其他转基因植物及其加工食品的检测。

一、实验目的

了解酶联免疫法在食品工业领域的应用现状，掌握酶联免疫法测定食品及其原料中转基因成分的原理和方法。

二、实验原理

从测试样品中，按照一定程序抽提出含有目标蛋白质的基质，即待测样品。酶标板表面包被有特异的单克隆捕获抗体，当加上测试样品时，捕获抗体与抗原结合，未结合的样品成分通过洗涤除去。洗涤之后，加入与辣根过氧化物酶偶联的多克隆抗体，该抗体可与 CP4 EPSPS 蛋白的另一个抗原表位特异结合。洗涤之后，加入辣根过氧化物酶的显色底物四甲基联苯胺。辣根过氧化物酶可催化底物产生颜色反应，颜色信号与抗原浓度在一定范围内呈线性关系。显色一定时间后，加入终止液终止反应。在450nm 波长测每一孔的光密度，通过光密度进行实验结果判定。

三、实验试剂与仪器

1. 实验试剂

（1）大豆抽提缓冲液　硼酸钠缓冲液，pH 7.5。

（2）大豆分析缓冲液　磷酸盐缓冲液，吐温 20、BSA、pH 7.4。

（3）包被有单克隆捕获抗体的酶标孔。

（4）与辣根过氧化物酶偶联的兔抗。

（5）偶联抗体稀释剂　100g/L 热灭活的小鼠血清。

（6）显色底物。

（7）终止液　0.5%硫酸。

（8）10 倍浓缩的洗涤缓冲液　PBS，吐温 20，pH 7.1。

（9）与基质匹配的阴性和阳性标准品，如 1g/L、5g/L、10g/L、20g/L、50g/L。

（10）70%的甲醇溶液（体积分数）　取 700mL 甲醇加水定容至 1L。

（11）95%的乙醇。

2. 仪器设备

（1）通常实验室仪器设备。

（2）酶标仪。

（3）孔径 450μm 的滤膜。

（4）孔径 150μm 的滤膜。

（5）多通道移液器。

四、实验步骤

1. 样品的预处理

取 500g 以上大豆，粉碎、微孔滤膜过滤。在操作过程中小心避免污染，避免局部过热。定性检测的微孔滤膜孔径应为 450μm，保证孔径小于 450μm 的粉末质量占大豆样品质量的 90%以上。定量检测的样品先用孔径为 450μm 的微孔滤膜过滤后，再经孔径为 150μm 的微孔滤膜过滤，过滤得到的样品量只要能满足检测要求即可。

2. 样品抽提

（1）测试样品、阴性及阳性标准品在相同条件下抽提 2 次。每一种标准品在称量时按照含量由低到高的顺序进行。为避免污染，在称量不同样品时，用酒精棉擦干净药匙并晾干，或使用一次性药匙。

（2）将每一种样品称出（0.5±0.01）g，放入 15mL 聚丙烯离心管中。向每个离心管中加 4.5mL 抽提缓冲液。将缓冲液与管内物质剧烈混匀并涡旋振荡，使之成为均一的混合物（低脂粉末和分离蛋白质需延长混合时间，有时超过 15min；全脂粉末容易混匀，不超过 5min）。

（3）4℃，5000×g 离心 15min。

（4）小心吸取上清液于另一干净的聚丙烯离心管中，每管吸取 1mL 上清液。上清液可于 2~8℃贮存，时间不超过 24h。

（5）在检测前，用大豆检测缓冲液稀释样品溶液，通常大豆、豆粉、脱脂豆粉稀释 300 倍，分离蛋白则稀释 10 倍。

3. ELISA 操作步骤

（1）孵育　在室温下，取出酶标板，加 100μL 稀释的样品溶液及对照到酶标孔中，轻轻混匀。37℃孵育 1h（每次加样应该更换一次性吸头，以免交叉污染。并使用胶带或铝箔封住酶标板，以免交叉污染和蒸发）。

（2）洗涤　把 10 倍浓缩的洗涤缓冲液用水稀释 10 倍，用洗涤工作液洗涤酶标板 3 次。在此过程中，不要让酶标孔干，否则会影响分析结果；不管是人工洗涤还是自动洗涤，应确保每一孔用相同体积的洗液洗涤，以免出现错误的结果。

人工洗涤：将酶标板翻转，倒出微孔内液体。用装有洗涤工作液的 500mL 洗瓶，将每孔注满洗涤液，保持 60s，然后翻转，倒掉洗涤液。如此重复操作总共 3 次。在多层纸巾上将酶标板倒拍数次，以去除残液（用胶带将酶标板条固定以免滑落）。

自动洗涤：孵育完毕，用洗板机将所有孔中的液体吸出，然后在每孔内加满洗涤液。如此重复 3 次。最后，用洗板机吸出所有孔中洗涤液，在多层纸巾上将酶标板倒置拍干，以去除残液。

（3）加入偶联抗体　根据使用说明，用偶联抗体结合稀释剂溶解抗体粉末得到抗体贮存液，于 2~8℃贮存。

取 240μL 偶联抗体贮存液，加入到 21mL 偶联抗体稀释剂中得到偶联抗体工作液，于 2~8℃贮存。

在每孔中加 100μL 偶联抗体工作液，封闭酶标板，轻轻摇晃混匀，37℃孵育 1h。

（4）洗涤　洗涤方法同步骤（2）。

（5）显色　每孔中加入 100μL 显色底物，轻轻摇动酶标板，室温孵育 10min（加显色底物时应连续一次完成，不得中断，并保持相同次序和时间间隔）。

（6）终止反应　按照加入显色底物同样的顺序向酶标孔中加入 100μL 终止液，轻轻摇动酶标板 10s，以终止颜色变化，并使终止液在孔中均匀分布（在加入终止液时应连续一次完成，不得中断，酶标板应注意避光，防止颜色深浅因受到光的影响而发生变化）。

（7）吸光度的测定　在加入终止液 30min 之内用酶标仪在 450nm 波长测量每孔的吸光度（A）。记录所得结果，用计算机软件处理。

五、实验结果与分析

1. 测试样品中目标蛋白质浓度的计算

测试样品及参照标准的数值需减去空白样的数值，所测量的阳性标准品的平均值用于生成标准曲线，测试样品的平均值根据标准曲线计算相应浓度。

2. 结果可信度判断的原则

对于阳性标准品（大豆种子）而言，该方法检测的灵敏度必须保证在 0.1%以上，定量检测的线性范围是 0.5%~3%。每一轮检测都必须符合以下所列的结果可信度判断的原则。每一轮反应应当包括空白、阴性标准品、阳性标准品和测试样品。所有样品检测液、空白对照都必须设置一个重复。如果不符合下列条件，所有检测实验需重新操作。

结果可信度判断的条件：

（1）空白对照　　$A_{450nm}<0.30$

（2）阴性标准品　　$A_{450nm}<0.30$

（3）2.5%阳性标准品　　$A_{450nm}\geqslant0.80$

（4）所有阳性标准品，A 值　重复的 A 值差异$\leqslant15\%$，重复的 $A\leqslant15\%$

（5）未知样品、溶液　重复的 $A\leqslant20\%$，重复的浓度值差异$\leqslant20\%$。

六、思考题

1. 请列举除了本实验采用的酶联免疫法，发酵食品及原料中转基因成分蛋白质水平检测，还有哪些方法？

2. 请简述酶联免疫法检测转基因食品成分的要点有哪些？

生物工程分析检验相关技术资料

附录一　常用培养基的配制

（1）磷酸盐缓冲液（PBS）　磷酸二氢钾 34.0g，蒸馏水 500mL。

贮存液：称取 34.0g 的磷酸二氢钾溶于 500mL 蒸馏水中，用 1mol/L 氢氧化钠溶液调节 pH 至 7.2，用蒸馏水稀释至 1000mL 后贮存于冰箱。

稀释液：取贮存液 1.25mL，用蒸馏水稀释至 1000mL，121℃高压灭菌 15min。

（2）平板计数琼脂培养基　胰蛋白胨 5.0g，酵母浸膏 2.5g，葡萄糖 1.0g，琼脂 15.0g，蒸馏水 1000mL；将上述成分加于蒸馏水中，煮沸溶解，调节 pH 至 7.0±0.2，121℃高压灭菌 15min。

（3）马铃薯葡萄糖琼脂　马铃薯 300g，葡萄糖 20.0g，琼脂 20.0g，氯霉素 0.1g，蒸馏水 1000mL；将马铃薯去皮切块，加 1000mL 蒸馏水，煮沸 10~20min，用纱布过滤，补加蒸馏水至 1000mL，加入葡萄糖和琼脂，加热溶解，分装后，121℃高压灭菌 15min。

（4）孟加拉红琼脂　蛋白胨 5.0g，葡萄糖 10.0g，磷酸二氢钾 1.0g，无水硫酸镁 0.5g，琼脂 20.0g，孟加拉红 0.033g，氯霉素 0.1g，蒸馏水 1000mL。将上述各成分加入蒸馏水中，加热溶解，补足蒸馏水至 1000mL，分装后，121℃高压灭菌 15min，避光保存。

（5）月桂基硫酸盐胰蛋白胨（LST）肉汤　胰蛋白胨或胰酪胨 20.0g，氯化钠 5.0g，乳糖 5.0g，磷酸氢二钾 2.75g，磷酸二氢钾 2.75g，月桂基硫酸钠 0.1g，蒸馏水 1000mL；将上述成分溶解于蒸馏水中，调节 pH 至 6.8±0.2。分装到有玻璃小倒管的试管中，每管 10mL。121℃高压灭菌 15min。

（6）煌绿乳糖胆盐（BGLB）肉汤　蛋白胨 10.0g，乳糖 10.0g，牛胆粉溶液 200mL，1g/L 煌绿水溶液 13.3mL，蒸馏水 800mL；将蛋白胨、乳糖溶于约 500mL 蒸馏水中，加入牛胆粉溶液 200mL（将 20.0g 脱水牛胆粉溶于 200mL 蒸馏水中，调节 pH 至 7.0~7.5），用蒸馏水稀释到 975mL，调节 pH 至 7.2±0.1，再加入 1g/L 煌绿水溶液 13.3mL，用蒸馏水补足到 1000mL，用棉花过滤后，分装到有玻璃小倒管的试管中，每管 10mL，121℃高压灭菌 15min。

（7）结晶紫中性红胆盐琼脂（VRBA）　蛋白胨 7.0g，酵母膏 3.0g，乳糖 10.0g，氯化钠 5.0g，胆盐或 3 号胆盐 1.5g，中性红 0.03g，结晶紫 0.02g，琼脂 15~18g，蒸馏水 1000mL；将上述成分溶于蒸馏水中，静置几分钟，充分搅拌，调节 pH 至 7.4±0.1。煮沸 2min，将培养基融化并恒温至 45~50℃倾注平板。使用前临时制备，不得超过 3h。

（8）缓冲蛋白胨水（BPW）　蛋白胨 10.0g，氯化钠 5.0g，十二水磷酸氢二钠 9.0g，磷酸二氢钾 1.5g，蒸馏水 1000mL；将各成分加入蒸馏水中，搅拌均匀，静置约 10min，煮沸溶解，调节 pH 至 7.2±0.2，121℃高压灭菌 15min。

（9）四硫磺酸钠煌绿（TTB）增菌液

基础液：蛋白胨 10.0g，牛肉膏 5.0g，氯化钠 3.0g，碳酸钙 45.0g，蒸馏水 1000mL；除碳酸钙外，将各成分加入蒸馏水中，煮沸溶解，再加入碳酸钙，调节 pH 至 7.0±0.2，121℃高压灭菌 20min。

硫代硫酸钠溶液：五水硫代硫酸钠 50.0g，蒸馏水加至 100mL；121℃高压灭菌 20min。

碘溶液：碘片 20.0g，碘化钾 25.0g，蒸馏水加至 100mL；将碘化钾充分溶解于少量的蒸馏水中，再投入碘片，振摇玻瓶至碘片全部溶解为止，然后加蒸馏水至规定的总量，贮存于棕色瓶内，塞紧瓶盖备用。

5g/L 煌绿水溶液：煌绿 0.5g，蒸馏水 100mL；溶解后，存放暗处，不少于 1d，使其自然灭菌。

牛胆盐溶液：牛胆盐 10.0g，蒸馏水 100mL；加热煮沸至完全溶解，121℃高压灭菌 20min。

基础液 900mL，硫代硫酸钠溶液 100mL，碘溶液 20mL，煌绿水溶液 2mL，牛胆盐溶液 50mL，临用前，按上列顺序，以无菌操作依次加入基础液中，每加入一种成分，均应摇匀后再加入另一种成分。

（10）亚硒酸盐胱氨酸（SC）增菌液　蛋白胨 5.0g，乳糖 4.0g，磷酸氢二钠 10.0g，亚硒酸氢钠 4.0g，L-胱氨酸 0.01g，蒸馏水 1000mL；除亚硒酸氢钠和 L-胱氨酸外，将各成分加入蒸馏水中，煮沸溶解，冷至 55℃以下，以无菌操作加入亚硒酸氢钠和 1g/L 的 L-胱氨酸溶液 10mL（称取 0.1g L-胱氨酸，加 1mol/L 氢氧化钠溶液 15mL，使溶解，再加无菌蒸馏水至 100mL 即成，如为 DL-胱氨酸，用量应加倍）。摇匀，调节 pH 至 7.0±0.2。

（11）亚硫酸铋（BS）琼脂　蛋白胨 10.0g，牛肉膏 5.0g，葡萄糖 5.0g，硫酸亚铁 0.3g，磷酸氢二钠 4.0g，煌绿 0.025g 或 5.0g/L 水溶液 5.0mL，柠檬酸铋铵 2.0g，亚硫酸钠 6.0g，琼脂 18.0~20.0g，蒸馏水 1000mL；将前 3 种成分加入 300mL 蒸馏水（制作基础液），硫酸亚铁和磷酸氢二钠分别加入 20mL 和 30mL 蒸馏水中，柠檬酸铋铵和亚硫酸钠分别加入另一 20mL 和 30mL 蒸馏水中，琼脂加入 600mL 蒸馏水中。然后分别搅拌均匀，煮沸溶解。冷至 80℃左右时，先将硫酸亚铁和磷酸氢二钠混匀，倒入基础液中，混匀。将柠檬酸铋铵和亚硫酸钠混匀，倒入基础液中，再混匀。调节 pH 至 7.5±0.2，随即倾入琼脂液中，混合均匀，冷至 50~55℃。加入煌绿溶液，充分混匀后立即倾注平皿。

注：本培养基不需要高压灭菌，在制备过程中不宜过分加热，避免降低其选择性，贮于室温暗处，超过 48h 会降低其选择性，本培养基宜于当天制备，次日使用。

（12）HE 琼脂（Hektoen Enteric agar）　蛋白胨 12.0g，牛肉膏 3.0g，乳糖 12.0g，蔗糖 12.0g，水杨素 2.0g，胆盐 20.0g，氯化钠 5.0g，琼脂 18.0~20.0g，蒸馏水 1000mL，4g/L 溴麝香草酚蓝溶液 16.0mL，Andrade 指示剂 20.0mL，甲液 20.0mL，乙液 20.0mL；将前面 7 种成分溶解于 400mL 蒸馏水内作为基础液；将琼脂加入 600mL 蒸馏水内。然后分别搅拌均匀，煮沸溶解。加入甲液和乙液于基础液内，调节 pH 至 7.5±0.2。再加入指示剂，并与琼脂合并，待冷至 50~55℃ 倾注平皿。

注：①本培养基不需要高压灭菌，在制备过程中不宜过分加热，避免降低其选择性；②甲液的配制。硫代硫酸钠 34.0g，柠檬酸铁铵 4.0g，蒸馏水 100mL；③乙液的配制。去氧胆酸钠 10.0g，蒸馏水 100mL；④Andrade 指示剂。酸性复红 0.5g，1mol/L 氢氧化钠溶液 16.0mL，蒸馏水 100mL；将复红溶解于蒸馏水中，加入氢氧化钠溶液。数小时后如复红褪色不全，再加氢氧化钠溶液 1~2mL。

（13）木糖赖氨酸脱氧胆盐（XLD）琼脂　酵母膏 3.0g，L-赖氨酸 5.0g，木糖 3.75g，乳糖 7.5g，蔗糖 7.5g，去氧胆酸钠 2.5g，柠檬酸铁铵 0.8g，硫代硫酸钠 6.8g，氯化钠 5.0g，琼脂 15.0g，酚红 0.08g，蒸馏水 1000mL；除酚红和琼脂外，将其他成分加入 400mL 蒸馏水中，煮沸溶解，调节 pH 至 7.4±0.2。另将琼脂加入 600mL 蒸馏水中，煮沸溶解。将上述两溶液混合均匀后，再加入指示剂，待冷至 50~55℃ 倾注平皿。

注：本培养基不需要高压灭菌，在制备过程中不宜过分加热，避免降低其选择性，贮于室温暗处。本培养基宜于当天制备，次日使用。

（14）沙门氏菌属显色培养基　蛋白胨 19.6g，酵母膏粉 3g，氯化钠 5g，抑菌剂 1.5g，琼脂 12g，混合色素 6.4g，最终 pH 7.0±0.2，用 1000mL 蒸馏水溶解，混合均匀加热至 100℃，并按常规不断搅拌直至完全溶解（不能持续高温加热，建议不要重复煮溶），不需高压灭菌。

（15）三糖铁（TSI）琼脂　蛋白胨 20.0g，牛肉膏 5.0g，乳糖 10.0g，蔗糖 10.0g，葡萄糖 1.0g，六水硫酸亚铁铵 0.2g，酚红 0.025g 或 5.0g/L 溶液 5.0mL，氯化钠 5.0g，硫代硫酸钠 0.2g，琼脂 12.0g，蒸馏水 1000mL；除酚红和琼脂外，将其他成分加入 400mL 蒸馏水中，煮沸溶解，调节 pH 至 7.4±0.2。另将琼脂加入 600mL 蒸馏水中，煮沸溶解。将上述两溶液混合均匀后，再加入指示剂，混匀，分装试管，每管 2~4mL，121℃ 高压灭菌 10min 或 115℃ 高压灭菌 15min，灭菌后制成高层斜面，呈橘红色。

（16）蛋白胨水　蛋白胨（或胰蛋白胨）20.0g，氯化钠 5.0g，蒸馏水 1000mL；将上述成分加入蒸馏水中，煮沸溶解，调节 pH 至 7.4±0.2，分装小试管，121℃ 高压灭菌 15min。

靛基质柯凡克试剂：将 5g 对二甲氨基甲醛溶解于 75mL 戊醇中，然后缓慢加入浓盐酸 25mL。

欧-波试剂：将 1g 对二甲氨基苯甲醛溶解于 95mL 95% 乙醇内。然后缓慢加入浓盐酸 20mL。

方法：挑取小量培养物接种，在（36±1）℃ 培养 1~2d，必要时可培养 4~5d。加入柯凡克试剂约 0.5mL，轻摇试管，阳性者于试剂层呈深红色；或加入欧-波试剂约 0.5mL，沿管壁流下，覆盖于培养液表面，阳性者于液面接触处呈玫瑰红色。

注：蛋白胨中应含有丰富的色氨酸。每批蛋白胨买来后，应先用已知菌种鉴定后方可使用。

（17）尿素琼脂　蛋白胨 1.0g，氯化钠 5.0g，葡萄糖 1.0g，磷酸二氢钾 2.0g，4g/L 酚红 3.0mL，琼脂 20.0g，蒸馏水 1000mL，200g/L 尿素溶液 100mL；除尿素、琼脂和酚红外，将其他成分加入 400mL 蒸馏水中，煮沸溶解，调节 pH 至 7.2±0.2。另将琼脂加入 600mL 蒸馏水中，煮沸溶解。将上述两溶液混合均匀后，再加入指示剂后分装，121℃高压灭菌 15min。冷至 50~55℃，加入经除菌过滤的尿素溶液。尿素的最终质量浓度为 20g/L。分装于无菌试管内，放成斜面备用。

方法：挑取琼脂培养物接种，在（36±1）℃培养 24h，观察结果。尿素酶阳性者由于产碱而使培养基变为红色。

（18）氰化钾（KCN）培养基　蛋白胨 10.0g，氯化钠 5.0g，磷酸二氢钾 0.225g，磷酸氢二钠 5.64g，蒸馏水 1000mL，5g/L 氰化钾 20.0mL；将除氰化钾以外的成分加入蒸馏水中，煮沸溶解，分装后 121℃高压灭菌 15min。放在冰箱内使其充分冷却。每 100mL 培养基加入 5g/L 氰化钾溶液 2.0mL（最后浓度为 1:10000），分装于无菌试管内，每管约 4mL，立刻用无菌橡皮塞塞紧，放在 4℃冰箱内，至少可保存 2 个月。同时，将不加氰化钾的培养基作为对照培养基，分装试管备用。

方法：将琼脂培养物接种于蛋白胨水内成为稀释菌液，挑取 1 环接种于氰化钾（KCN）培养基。并另挑取 1 环接种于对照培养基。在（36±1）℃培养 1~2d，观察结果。如有细菌生长即为阳性（不抑制），经 2d 细菌不生长为阴性（抑制）。

注：氰化钾是剧毒药，使用时应小心，切勿沾染，以免中毒。夏天分装培养基应在冰箱内进行。试验失败的主要原因是封口不严，氰化钾逐渐分解，产生氰化氢气体逸出，以致药物浓度降低，细菌生长，因而造成假阳性反应。试验时对每一环节都要特别注意。

（19）赖氨酸脱羧酶试验培养基　蛋白胨 5.0g，酵母浸膏 3.0g，葡萄糖 1.0g，蒸馏水 1000mL，16g/L 溴甲酚紫-乙醇溶液 1.0mL，L-赖氨酸或 DL-赖氨酸 0.5g/100mL 或 1.0g/100mL；除赖氨酸以外的成分加热溶解后，分装每瓶 100mL，分别加入赖氨酸。L-赖氨酸按 0.5g 加入，DL-赖氨酸按 1.0g 加入。调节 pH 至 6.8±0.2。对照培养基不加赖氨酸。分装于无菌的小试管内，每管 0.5mL，上面滴加一层液体石蜡，115℃高压灭菌 10min。

方法：从琼脂斜面上挑取培养物接种，于（36±1）℃培养 18~24h，观察结果。氨基酸脱羧酶阳性者由于产碱，培养基应呈紫色。阴性者无碱性产物，但因葡萄糖产酸而使培养基变为黄色。对照管应为黄色。

（20）糖发酵管　牛肉膏 5.0g，蛋白胨 10.0g，氯化钠 3.0g，十二水磷酸氢二钠 2.0g，2g/L 溴麝香草酚蓝溶液 12.0mL，蒸馏水 1000mL；葡萄糖发酵管按上述成分配好后，调节 pH 至 7.4±0.2。按 5g/L 加入葡萄糖，分装于有一个倒置小管的小试管内，121℃高压灭菌 15min。其他各种糖发酵管可按上述成分配好后，分装每瓶 100mL，121℃高压灭菌 15min。另将各种糖类分别配好 100g/L 溶液，同时高压灭菌。将 5mL 糖溶液加入 100mL 培养基内，以无菌操作分装小试管。

注：蔗糖不纯，加热后会自行水解者，应采用过滤法除菌。

方法：从琼脂斜面上挑取小量培养物接种，于（36±1）℃培养，一般 2~3d。迟缓反应需观察 14~30d。

（21）邻硝基酚-β-D 半乳糖苷（ONPG）培养基　邻硝基酚-β-D 半乳糖苷 60.0mg，0.01mol/L 磷酸钠缓冲液（pH 7.5）10.0mL，10g/L 蛋白胨水（pH 7.5）30.0mL；将 ONPG 溶于缓冲液内，加入蛋白胨水，以过滤法除菌，分装于无菌的小试管内，每管 0.5mL，用橡皮塞塞紧。

方法：自琼脂斜面上挑取 1 满环培养物接种于（36±1）℃培养 1~3h 和 24h 观察结果。如果 β-半乳糖苷酶产生，则于 1~3h 变黄色，如无此酶则 24h 不变色。

（22）半固体琼脂　牛肉膏 0.3g，蛋白胨 1.0g，氯化钠 0.5g，琼脂 0.35~0.4g，蒸馏水 100mL；按以上成分配好，煮沸溶解，调节 pH 至 7.4±0.2，121℃高压灭菌 15min。

注：供动力观察、菌种保存、H 抗原位相变异试验等用。

（23）丙二酸钠培养基　酵母浸膏 1.0g，硫酸铵 2.0g，磷酸氢二钾 0.6g，磷酸二氢钾 0.4g，氯化钠 2.0g，丙二酸钠 3.0g，2g/L 溴麝香草酚蓝溶液 12.0mL，蒸馏水 1000mL；除指示剂以外的成分溶解于水，调节 pH 至 6.8±0.2，再加入指示剂，分装试管，121℃高压灭菌 15min。

方法：用新鲜的琼脂培养物接种，于（36±1）℃培养 48h，观察结果。阳性者由绿色变为蓝色。

（24）75g/L 氯化钠肉汤　蛋白胨 10.0g，牛肉膏 5.0g，氯化钠 75g，蒸馏水 1000mL；将上述成分加热溶解，调节 pH 至 7.4±0.2，分装，每瓶 225mL，121℃高压灭菌 15min。

（25）血琼脂平板　豆粉琼脂（pH 7.5±0.2）100mL，脱纤维羊血（或兔血）5~10mL；加热溶化琼脂，冷却至 50℃，以无菌操作加入脱纤维羊血，摇匀，倾注平板。

（26）Baird-Parker 琼脂平板　胰蛋白胨 10.0g，牛肉膏 5.0g，酵母膏 1.0g，丙酮酸钠 10.0g，甘氨酸 12.0g，氯化锂 5.0g，琼脂 20.0g，蒸馏水 950mL；将各成分加到蒸馏水中，加热煮沸至完全溶解，调节 pH 至 7.0±0.2。分装每瓶 95mL，121℃高压灭菌 15min。临用时加热溶化琼脂，冷至 50℃，每 95mL 加入预热至 50℃的卵黄亚碲酸钾增菌剂（300g/L 卵黄盐水 50mL 与通过 0.22μm 孔径滤膜进行过滤除菌的 1%亚碲酸钾溶液 10mL 混合，保存于冰箱内）5mL 摇匀后倾注平板。培养基应是致密不透明的。使用前在冰箱储存不得超过 48h。

（27）脑心浸出液肉汤（BHI）　胰蛋白质胨 10.0g，氯化钠 5.0g，十二水磷酸氢二钠 2.5g，葡萄糖 2.0g，牛心浸出液 500mL；加热溶解，调节 pH 至 7.4±0.2，分装试管，每管 5mL 置 121℃，15min 灭菌。

（28）兔血浆　取柠檬酸钠 3.8g，加蒸馏水 100mL，溶解后过滤，装瓶，121℃高压灭菌 15min。兔血浆制备：取 3.8%柠檬酸钠溶液一份，加兔全血 4 份，混合静置（或以 3000r/min 离心 30min），使血液细胞下降，即可得血浆。

（29）营养琼脂小斜面　蛋白胨 10.0g，牛肉膏 3.0g，氯化钠 5.0g，琼脂 15.0~20.0g，蒸馏水 1000mL；将除琼脂以外的各成分溶解于蒸馏水内，加入 150g/L 氢氧化钠溶液约 2mL，调节 pH 至 7.3±0.2。加入琼脂，加热煮沸，使琼脂溶化，分装试管，121℃高压灭菌 15min。

（30）甘露醇卵黄多黏菌素（MYP）琼脂　蛋白胨 10.0g，牛肉粉 1.0g，D-甘露醇 10.0g，氯化钠 10.0g，琼脂粉 12.0～15.0g，2g/L 酚红溶液 13.0mL，500g/L 卵黄液 50.0mL，多黏菌素 B 100000IU，蒸馏水 950.0mL；将前 5 种成分加入 950mL 蒸馏水中，加热溶解，校正 pH 至 7.3±0.1，加入酚红溶液。分装，每瓶 95mL，121℃ 高压灭菌 15min。临用时加热溶化琼脂，冷却至 50℃，每瓶加入 500g/L 卵黄液 5mL 和浓度为 10000IU 的多黏菌素 B 溶液 1mL，混匀后倾注平板。500g/L 卵黄液：取鲜鸡蛋，用硬刷将蛋壳彻底洗净，沥干，于 70% 乙醇溶液中浸泡 30min。用无菌操作取出卵黄，加入等量灭菌生理盐水，混匀后备用。

（31）多黏菌素 B 溶液　在 50mL 灭菌蒸馏水中溶解 500000IU 的无菌硫酸盐多黏菌素 B。

（32）胰酪胨大豆多黏菌素肉汤　胰酪胨（或酪蛋白胨）17.0g，植物蛋白胨（或大豆蛋白胨）3.0g，氯化钠 5.0g，无水磷酸氢二钾 2.5g，葡萄糖 2.5g，多黏菌素 B 100IU/mL，蒸馏水 1000.0mL；将前 5 种成分加入于蒸馏水中，加热溶解，校正 pH 至 7.3±0.2，121℃ 高压灭菌 15min。临用时加入多黏菌素 B 溶液混匀即可。

（33）营养琼脂　蛋白胨 10.0g，牛肉膏 5.0g，氯化钠 5.0g，琼脂粉 12.0～15.0g，蒸馏水 1000mL；将所述成分溶解于蒸馏水内，校正 pH 至 7.2±0.2，加热使琼脂溶化，121℃ 高压灭菌 15min。

（34）动力培养基　胰酪胨（或酪蛋白胨）10.0g，酵母粉 2.5g，葡萄糖 5.0g，无水磷酸氢二钠 2.5g，琼脂粉 3.0～5.0g，蒸馏水 1000mL；将所述成分溶解于蒸馏水，校正 pH 至 7.2±0.2，加热溶解，115℃ 高压灭菌 20min。

方法：用接种针挑取培养物穿刺接种于动力培养基中，（30±1）℃ 培养（48±2）h。蜡样芽孢杆菌应沿穿刺线呈扩散生长，而蕈状芽孢杆菌常常呈绒毛状生长，形成蜂巢状扩散。动力试验也可用悬滴法检查。蜡样芽孢杆菌和苏云金芽孢杆菌通常运动极为活泼，而炭疽杆菌则不运动。

（35）硝酸盐肉汤　蛋白胨 5.0g，硝酸钾 0.2g，蒸馏水 1000mL；将所述成分溶解于蒸馏水。校正 pH 至 7.4，分装每管 5mL，121℃ 高压灭菌 15min。

硝酸盐还原试剂：甲液是将对氨基苯磺酸 0.8g 溶解于 2.5mol/L 乙酸溶液 100mL 中。乙液是将甲萘胺 0.5g 溶解于 2.5mol/L 乙酸溶液 100mL 中。

方法：接种后在（36±1）℃ 培养 24～72h。加甲液和乙液各 1 滴，观察结果，阳性反应立即或数分钟内显红色。如为阴性，可再加入锌粉少许，如出现红色，表示硝酸盐未被还原，为阴性。反之，则表示硝酸盐已被还原，为阳性。

（36）酪蛋白琼脂　酪蛋白 10.0g，牛肉粉 3.0g，无水磷酸氢二钠 2.0g，氯化钠 5.0g，琼脂粉 12.0～15.0g，蒸馏水 1000mL，4g/L 溴麝香草酚蓝溶液 12.5mL；除溴麝香草酚蓝溶液外，将所述各成分溶于蒸馏水中加热溶解（酪蛋白不会溶解）。校正 pH 至 7.4±0.2，加入溴麝香草酚蓝溶液，121℃ 高压灭菌 15min 后倾注平板。

方法：用接种环挑取可疑菌落，点种于酪蛋白琼脂培养基上，（36±1）℃ 培养（48±2）h，阳性反应菌落周围培养基应出现澄清透明区（表示产生酪蛋白酶）。阴性反应时应继续培养 72h 再观察。

（37）硫酸锰营养琼脂培养基　胰蛋白胨 5.0g，葡萄糖 5.0g，酵母浸膏 5.0g，磷酸氢二钾 4.0g，3.08%硫酸锰 1.0mL，琼脂粉 12.0~15.0g，蒸馏水 1000mL；将所述成分溶解于蒸馏水。校正 pH 至 7.2±0.2。121℃高压灭菌 15min。

（38）5g/L 碱性复红　碱性复红 0.5g，乙醇 20.0mL，蒸馏水 80.0mL；取碱性复红 0.5g 溶解于 20mL 乙醇中，再用蒸馏水稀释至 100mL，滤纸过滤后储存备用。

（39）动力培养基　蛋白胨 10.0g，牛肉浸粉 3.0g，琼脂 4.0g，氯化钠 5.0g，蒸馏水 1000mL；将所述成分溶解于蒸馏水。校正 pH 至 7.2±0.2，121℃高压灭菌 15min。

（40）V-P 培养基　磷酸氢二钾 5.0g，蛋白胨 7.0g，葡萄糖 5.0g，氯化钠 5.0g，蒸馏水 1000mL；将所述成分溶解于蒸馏水。校正 pH 至 7.0±0.2，分装每管 1mL。115℃高压灭菌 20min。

方法：用营养琼脂培养物接种于本培养基中，（36±1）℃培养 48~72h。加入 60g/L α-萘酚-乙醇溶液 0.5mL 和 400g/L 氢氧化钾溶液 0.2mL，充分振摇试管，观察结果，阳性反应立即或于数分钟内出现红色。如为阴性，应放在（36±1）℃培养 4h 再观察。

（41）胰酪胨大豆羊血（TSSB）琼脂　胰酪胨（或酪蛋白胨）15.0g，植物蛋白胨（或大豆蛋白胨）5.0g，氯化钠 5.0g，无水磷酸氢二钾 2.5g，葡萄糖 2.5g，琼脂粉 12.0~15.0g，蒸馏水 1000mL；将所述各成分于蒸馏水中加热溶解。校正 pH 至 7.2±0.2，分装每瓶 100mL。121℃高压灭菌 15min。水浴中冷却至 45~50℃，每 100mL 加入 5~10mL 无菌脱纤维羊血，混匀后倾注平板。

（42）溶菌酶营养肉汤　牛肉粉 3.0g，蛋白胨 5.0g，蒸馏水 990mL，1g/L 溶菌酶溶液 10.0mL；除溶菌酶溶液外，将所述成分溶解于蒸馏水。校正 pH 至 6.8±0.1，分装每瓶 99mL。121℃高压灭菌 15min。每瓶加入 1g/L 溶菌酶溶液 1mL，混匀后分装灭菌试管，每管 2.5mL。

1g/L 溶菌酶溶液配制：在 65mL 灭菌的 0.1mol/L 盐酸中加入 0.1g 溶菌酶，隔水煮沸 20min 溶解后，再用灭菌的 0.1mol/L 盐酸稀释至 100mL。或者称取 0.1g 溶菌酶溶于 100mL 的无菌蒸馏水后，用孔径为 0.45μm 硝酸纤维膜过滤。使用前测试是否无菌。

方法：用接种环取纯菌悬液一环，接种于溶菌酶肉汤中，（36±1）℃培养 24h。蜡样芽孢杆菌在本培养基（含溶菌酶 0.01g/L）中能生长。如出现阴性反应，应继续培养 24h。

（43）西蒙氏柠檬酸盐培养基　氯化钠 5.0g，七水硫酸镁 0.2g，磷酸二氢铵 1.0g，磷酸氢二钾 1.0g，柠檬酸钠 1.0g，琼脂粉 12.0~15.0g，蒸馏水 1000mL，2g/L 溴麝香草酚蓝溶液 40mL；除溴麝香草酚蓝溶液和琼脂外，将所述各成分溶解于 1000mL 蒸馏水内，校正 pH 至 6.8，再加琼脂，加热溶化。然后加入溴麝香草酚蓝溶液，混合均匀后分装试管，121℃高压灭菌 15min。制成斜面。

方法：挑取少量琼脂培养物接种于西蒙氏柠檬酸培养基，（36±1）℃培养 4d。每天观察结果，阳性者斜面上有菌落生长，培养基从绿色转为蓝色。

（44）明胶培养基　蛋白胨 5.0g，牛肉粉 3.0g，明胶 120.0g，蒸馏水 1000mL；将所述成分混合，置流动蒸汽灭菌器内，加热溶解，校正 pH 至 7.4~7.6，121℃高压灭菌 10min，备用。

方法：挑取可疑菌落接种于明胶培养基，（36±1）℃培养（24±2）h，取出，2~8℃放置 30min，取出，观察明胶液化情况。

附录二　MPN 检索表

附表　　大肠杆菌、金黄色葡萄球菌和蜡样芽孢杆菌最可能数（MPN）检索表

阳性数量/管			MPN	95%置信区间		阳性数量/管			MPN	95%置信区间	
0.10	0.01	0.001		下限	上限	0.10	0.01	0.001		下限	上限
0	0	0	<3.0	—	9.5	2	2	0	21	4.5	42
0	0	1	3.0	0.15	9.6	2	2	1	28	8.7	94
0	1	0	3.0	0.15	11	2	2	2	35	8.7	94
0	1	1	6.1	1.2	18	2	3	0	29	8.7	94
0	2	0	6.2	1.2	18	2	3	1	36	8.7	94
0	3	0	9.4	3.6	38	3	0	0	23	4.6	94
1	0	0	3.6	0.17	18	3	0	1	38	8.7	110
1	0	1	7.2	1.3	18	3	0	2	64	17	180
1	0	2	11	3.6	38	3	1	0	43	9	180
1	1	0	7.4	1.3	20	3	1	1	75	17	200
1	1	1	11	3.6	38	3	1	2	120	37	420
1	2	0	11	3.6	42	3	1	3	160	40	420
1	2	1	15	4.5	42	3	2	0	93	18	420
1	3	0	16	4.5	42	3	2	1	150	37	420
2	0	0	9.2	1.4	38	3	2	2	210	40	430
2	0	1	14	3.6	42	3	2	3	290	90	1,000
2	0	2	20	4.5	42	3	3	0	240	42	1,000
2	1	0	15	3.7	42	3	3	1	460	90	2,000
2	1	1	20	4.5	42	3	3	2	1100	180	4,100
2	1	2	27	8.7	94	3	3	3	>1100	420	—

注：1. 本表采用 3 个稀释度 [0.1g（mL）、0.01g（mL）和 0.001g（mL）]，每个稀释度接种 3 管。

2. 表内所列检样量如改用 1g（mL）、0.1g（mL）和 0.01g（mL）时，表内数字应相应降低 10 倍；如改用 0.01g（mL）、0.001g（mL）、0.0001g（mL）时，则表内数字应相应增高 10 倍，其余类推。

资料来源：GB 4789.14—2014《食品安全国家标准　食品微生物学检验　蜡样芽孢杆菌检验》.

参 考 文 献

［1］王福荣．生物工程分析与检验［M]．2版．北京：中国轻工业出版社，2018．

［2］张水华．食品分析［M]．北京：中国轻工业出版社，2007．

［3］杜连祥，路福平．微生物学实验技术［M]．北京：中国轻工业出版社，2015．

［4］穆醒倩．小米发酵饮料研制及肽和脂肪组分变化分析［D]．天津：天津科技大学，2019．

［5］邓文辉，赵燕，李建科，等．游离脂肪酸在几种常见食品风味形成中的作用［J]．食品工业科技，2012，33（11）：422-424．

［6］高海燕，李文浩．食品分析实验技术［M]．2版．北京：化学工业出版社，2020．

［7］晏凯，刘晓彤，刘悦，等．碱水解法测定乳及乳制品中脂肪的含量［J]．食品安全质量检测学报，2020，11（1）：82-85．

［8］王震．国标脂肪酸值检测标准滴定液配制探讨及改进［J]．食品安全导刊，2017，11（15）：58．

［9］吴光明，杨林娥，张磊，等．山西老陈醋生产过程中不挥发酸变化规律的研究［J]．中国酿造，2015，34（2）：31-33．

［10］任一平，高宗裕，黄百芬．高效液相色谱法测定黄酒中的有机酸［J]．食品与发酵工业，1991，22（5）：41-44，9．

［11］李燕，张燕，张书文．气相色谱法同时测定白酒中的特征性香气成分［J]．化学分析计量，2008，17（6）：59-61．

［12］赵建萍，曾梦阳．白云边原酒中总酯含量测定条件的探究［J]．酿酒科技，2020，41（3）：80-82．

［13］黄晓东．白酒中总酸，总酯和总醛含量的连续测定［J]．食品科学，1999，20（11）：3-5．

［14］李茂春，廖勤俭，雷雨．白酒中总酯测定的不确定度评定［J]．酿酒科技，2012，33（3）：59-62．

［15］余尚华，刘沛龙．白酒中总酯测定方法的研究［J]．酿酒，1982，9（4）：33-37．

［16］韩旭，吴宏萍，吴丽华，等．两种方法测定苦荞酒中总黄酮含量的比选［J]．酿酒，2019，46（3）：79-81．

［17］徐洪宇，张京芳，成冰，等．26种酿酒葡萄中抗氧化物质含量测定及品种分类［J]．中国食品学报，2016，16（2）：233-241．

［18］陈彩云，尹淑英，林莺，等．黄豆中总黄酮提取及不同豆类抗氧化活性研究

[J]. 辽宁中医药大学学报，2019，21（4）：70-73.

[19] 刘清，徐风华，李永生. 优化 HPLC 法测定淡豆豉中大豆异黄酮的含量 [J]. 中华中医药学刊，2012，30（1）：182-184.

[20] 王欢，谯顺彬，田辉，等. 高效液相色谱法测定蓝莓酒中 6 种花青素含量 [J]. 食品与发酵工业，2020，46（8）：280-284.

[21] 矫馨瑶，田金龙，司旭，等. 蓝莓花青素的研究进展 [J]. 中国果菜，2020，40（5）：26-31.

[22] 沈齐英，贾丹. 高效液相色谱测定葡萄酒中白藜芦醇含量 [J]. 北京石油化工学院学报，2014，22（4）：1-3.

[23] 张欢，王丽慧，李冰，等. 酿酒葡萄渣单宁及主要营养成分含量分析 [J]. 饲料工业，2019，40（19）：11-15.

[24] 曲勤凤，徐琼，张娜娜，等. 微生物法测定发酵食品中维生素 B_{12} 含量的研究 [J]. 中国酿造，2019，38（6）：181-184.

[25] 伊芳. 液相色谱—串联质谱联用技术测定酒类产品中 γ-氨基丁酸 [J]. 现代农业科技，2016，45（6）：272-273.

[26] 冯艳丽，朱丽萍，赵薇，等. 改进的高效液相色谱法快速检测红曲中莫纳可林 K [J]. 食品工业，2017，38（1）：276-280.

[27] 薛锦峰，闫子鹏，郭丰盛. 紫外分光光度法测定大豆中的总皂甙 [J]. 中国油脂，2006，31（10）：77-78.

[28] 李志军，吴永宁，薛长湖. 生物胺与食品安全 [J]. 食品与发酵工业，2004，35（10）：84-91.

[29] 陈荣锋，沈琳，费鹏，等. 发酵食品中氨基甲酸乙酯检测方法的进展 [J]. 食品工业，2018，39（8）：263-268.

[30] 舒志钢，褚国良，安康. 饮料酒中氨基甲酸乙酯检测方法研究进展 [J]. 食品安全质量检测学报，2019，10（6）：1594-1600.

[31] 赵依芃. 发酵食品中氨基甲酸乙酯的检测方法与控制技术研究 [D]. 北京：北京农学院，2016.

[32] 肖泳，邓放明. 发酵食品中氨基甲酸乙酯的研究进展 [J]. 食品安全质量检测学报，2012，3（3）：216-221.

[33] 蒋雯. 食用农产品农药残留检测技术应用及优化措施 [J]. 现代农业科技，2020，49（11）：236-237.

[34] 赵宗亮. 浅谈食用农产品农药残留检测技术 [J]. 农村实用技术，2019，22（12）：41-42.

[35] 王余磊，舒相华，张雪，等. 一种鸡肉中四环素类兽药残留高效液相色谱检测方法的建立 [J]. 甘肃畜牧兽医，2019，49（10）：59-63.

[36] 何坪华，毛成兴. 安全风险认知与抗生素违规使用：来自山东省畜禽养殖户的实证检视 [J]. 华中农业大学学报（社会科学版），2018（4）：20-29，166.

[37] 杨晓芳，杨涛，王莹，等. 四环素类抗生素污染现状及其环境行为研究进展 [J]. 环境工程，2014，32（2）：123-127.

［38］安先霞，林学仕．永靖县奶牛生鲜乳中抗生素残留的检测分析与措施［J］．畜牧兽医杂志，2017，36（2）：46-48.

［39］刘英玉，郭嘉琦，克拉热·阿布都热西提，等．乌鲁木齐市市售牛奶中抗生素残留调查及生鲜乳理化分析［J］．新疆畜牧业，2016，32（12）：37-39.

［40］买热木尼沙·吾甫尔，华实，贾娜，等．嗜热链球菌对乳中残留抗生素检测影响因素的分析［J］．新疆农业科学，2014，51（9）：1743-1748.

［41］郑淑容．牛奶中抗生素残留的危害及对策［J］．中国畜禽种业，2010，6（1）：29-31.

［42］徐华敏．生鲜乳中抗生素残留的检测［J］．食品工程，2013，38（3）：52-54.

［43］武波波，李文献，李梅芝，等．ECLIPSE50试剂盒法与TTC法检测乳中抗生素残留的比较［J］．中国乳品工业，2008，36（5）：52-54.

［44］雒丽丽．液-质联用法检测乳品中六种聚醚类抗生素的残留［D］．甘肃：甘肃农业大学，2009.

［45］薄海波，雒丽丽，曹彦忠，等．超高效液相色谱-串联质谱法测定牛奶和奶粉中6种聚醚类抗生素残留量［J］．分析化学，2009，37（8）：1161-1166.

［46］宋歌．液相色谱串联质谱在聚醚类兽药残留分析中的应用研究［D］．河北：河北科技大学，2015.

［47］徐冰旭．原子荧光光谱法测定地球化学样品中锡的应用研究［D］．北京：中国地质科学院，2019.

［48］韩华云，吴江峰，胥亚云，等．苯芴酮络合-MIBK萃取-涂钨石墨管电热原子吸收法测定食品中痕量锡［J］．食品科学，2008，29（12）：579-583.

［49］戚佳琳．工业产品与生态环境中有机锡化合物的形态分析与应用研究［D］．山东：中国海洋大学，2013.

［50］刘楠．食品中有机锡农药残留及重金属含量测定［J］．检验检疫学刊，2020，30（3）：79-82.

［51］贾国斌．若干铅基合金真空蒸馏分离提纯的研究［D］．云南：昆明理工大学，2010.

［52］赵晓峰．耐铅乳酸菌分离鉴定、吸附特性及机理的研究［D］．内蒙古：内蒙古农业大学，2019.

［53］赵静，孙海娟，冯叙桥．食品中重金属铅污染状况及其检测技术研究进展［J］．食品与发酵工业，2014，40（9）：122-127.

［54］董灿，张红，李博．石墨炉原子吸收法测定土壤重金属铅的方法研究［J］．低碳世界，2017，7（33）：4-6.

［55］常天平．测定重金属铅的质量控制研究［J］．绿色科技，2018，（6）：46-48.

［56］郭涛，孙香彬，侯君，等．食品微生物检验中菌落总数测定的注意事项［J］．微生物学杂志，2007，27（3）：111-112.

［57］马群飞．GB 4789.15—2016《食品安全国家标准　食品微生物学检验　霉菌和酵母计数》标准解读［J］．中国卫生标准管理，2018，9（5）：1-3.

［58］郭盈希．食品微生物粪大肠菌群计数新旧标准比对分析［J］．中国食物与营

养，2014，20（7）：10-12.

［59］周春红，李羽翡．餐饮肉制品中沙门氏菌检测的方法研究［J］．中国食品工业，2016，31（12）：62-67.

［60］梁景涛，谢翊，林秋芬，等．3种食品中金黄色葡萄球菌检测方法的比较研究［J］．中国卫生检验杂志，2010，20（4）：790-791.

［61］杨广锐．食品中蜡样芽孢杆菌检测方法的分析及建立改进方法的研究［D］．新疆：石河子大学，2014.

［62］崔钊达，华树春．转基因食品的文献统计分析-基于2000—2019年知网载文的研究［J］．统计与管理，2020，35（6）：123-128.

［63］李梦雪．转基因食品检测技术分析［J］．现代食品，2020，6（11）：115-117.

［64］2018年全球生物技术/转基因作物商业化发展态势［J］．中国生物工程杂志，2019，39（8）：1-6.

［65］张晓磊，章秋艳，熊炜，等．转基因植物检测方法及标准化概述［J］．中国农业大学学报，2020，25（9）：1-12.

［66］许银叶，许佩勤，庄俊钰，等．实时荧光定量PCR技术检测腐乳中大豆转基因成分［J］．江苏调味副食品，2019，157（2）：33-35，44.